THOMAS & INA BAUMANN

Entschleunigung von Mensch und Hund

GEMEINSAM ZU MEHR INNERER RUHE UND GELASSENHEIT

MIT KOSMOS MEHR ENTDECKEN
8 Methoden zur Entspannung
SEIT 1822

KOSMOS

Inhalt

Bei der Ansprache im Text sind alle drei Geschlechter gemeint. Wir nutzen hier die männliche Form. Dadurch wird das Buch leichter lesbar. Dafür bitten wir um Verständnis.

IM ZEITALTER DER BESCHLEUNIGUNG

Noch nie war für uns Menschen der Begriff Entschleunigung so wertvoll und gleichzeitig so erstrebenswert, wie dies in der heutigen Zeit der Fall ist.
Entschleunigung ist nichts anderes als die gezielte und damit bewusst vorgenommene Verlangsamung von Handlungs-, Informations- und Energieströmen.
Eine Verlangsamung scheint jedoch für immer mehr Menschen immer weniger infrage zu kommen. Um ein soziales, gesellschaftliches und berufliches „Überleben" gewährleisten zu können, setzen wir Menschen auf völlig gegenteilige Mechanismen. Wir entschleunigen nicht, wir beschleunigen!

BE- STATT ENTSCHLEUNIGUNG

Dafür gibt es eine ganze Menge scheinbar guter Gründe: Menschen, die sich nicht an einer Beschleunigung beteiligen, werden schnell mit Vorurteilen konfrontiert. Eigenschaften wie *faul, träge, bequem, lustlos, gleichgültig, altmodisch oder interessenlos* werden häufig mit Entschleunigung gleichgesetzt. Stattdessen sind die deutlich wohlklingenderen Begriffe wie *fleißig, strebsam, tüchtig, aktiv, dynamisch oder tatkräftig* vornehmlich unter der Bezeichnung Beschleunigung zu finden. Erster und Bester zu werden, ist ja auch deutlich erstrebenswerter, als Letzter und damit der vermeintlich Schlechtere zu sein. Es sind zudem die Nebenwirkungen unserer modernen, digitalen Welt, die einen erheblichen Beschleunigungsaspekt beinhalten. Ein von Hand geschriebener Brief benötigt einen vergleichsweise hohen zeitlichen Aufwand, bis er geschrieben und verschickt wird, beim Adressaten ankommt, von diesem dann beantwortet und wieder zurückgesendet wird. Es vergehen mindestens zwei bis drei Tage für einen einzigen Informationsaustausch. Digital benötigen wir für einen vergleichbaren Informationsaustausch häufig nur wenige Minuten. Genau aus diesem scheinbaren Vorteil ergibt sich letztlich ein unbestreitbarer Nachteil. Der Informationsaustausch schnellt quantitativ derart in die Höhe, dass wir mittlerweile völlig zu Recht von einer **Informationsflut im digitalen Zeitalter** sprechen müssen. Diese Flut an Informationen strömt vergleichsweise oberflächlich durch das menschliche Gehirn und beschäftigt es in permanenter Weise. Und obwohl unser Gehirn in der Regel über eine ganz gute selektive Fähigkeit verfügt, Wichtiges von Unwichtigem zu trennen, läuft es den ganzen Tag über auf Hochtouren.
Und was passiert in der Nacht? In der nächtlichen Ruhezeit arbeitet unser Gehirn weiter und verarbeitet fleißig die Geschehnisse, sortiert sie und archiviert sie in wichtigere und in weniger wichtigere „Schubladen".

Harmonische Zweisamkeit, außerhalb jeglicher Terminplanung, gilt als einer der Grundsteine in Sachen Lebensqualität.

PAUSEN FÜR DAS GEHIRN

Das Gehirn des modernen Menschen leistet auf der einen Seite Unglaubliches, auf der anderen Seite kann es aber bei der massenhaften Verarbeitung von Informationen quasi „verlernen", dass es auch mal Pausen braucht.

Pause bedeutet Abschalten und Abschalten wiederum ist mit Ruhe verbunden.

Schlaflose Nächte bei immer mehr Menschen zeigen deutlich, wie fatal sich mittlerweile fehlende Ruhe und damit auch fehlende Entschleunigung auf die Gesundheit und das Wohlbefinden auswirken können.

Laut dem DAK-Gesundheitsreport von 2017 sind seit 2010 die Schlafstörungen bei Berufstätigen in Deutschland im Alter zwischen 35 und 65 Jahren um 66 Prozent angestiegen. Mittlerweile geht man sogar davon aus, dass rund 80 Prozent der Erwerbstätigen in Deutschland mehr oder weniger schlecht schlafen.

IN DER RUHE LIEGT DIE KRAFT!

Das ist eine wahre Aussage, die keiner weiteren Erklärung bedarf. Wenn unser Gehirn aber nicht mehr in der Lage sein sollte, den Dauerbetrieb unserer Gehirnzellen auf Ruhe zu schalten, müssen wir lernen, Ruhe neu zu programmieren. Beispielsweise durch erzwungene und terminlich verbindliche kleine Auszeiten, die wir – gegen unseren eigentlichen Willen – regelmäßig in das Alltagsgeschehen einfließen lassen. Diese Auszeiten können in wunderbarer Weise auch bei den gemeinsamen Aktivitäten mit unseren Hunden erfolgen.

Das Ihnen vorliegende Buch soll einen Beitrag dazu leisten, sich selbst und auch dem dazugehörenden Vierbeiner durch entschleunigende Aktivitäten zu mehr innerer Ruhe und damit zu einer höheren Lebensqualität zu verhelfen.

Ihr/Ihre

Thomas und Ina Baumann

ZU DIESEM BUCH

Wundern Sie sich bitte nicht, wenn im ersten Kapitel weniger der Hund, als vielmehr der hinter dem Hund stehende Mensch in den Fokus tritt. Ein Mensch ist kaum dazu fähig, seinen unruhigen bzw. nervösen Vierbeiner zu mehr innerer Ruhe und Gelassenheit zu bewegen, wenn er nicht selbst mit gutem Beispiel vorangehen kann. Erfolgreiche Hundetrainer, die viel mit verhaltensauffälligen Hunden zu tun haben, wissen es schon lange: **Es ist deutlich weniger sinnvoll, Energien und Kompetenzen ausschließlich in das Training mit dem Hund zu investieren, als geschickt in das Denken und Handeln des Hundehalters einzugreifen.**

Ein Hundetrainer muss den passenden „Schlüssel" und damit den erfolgreichen Zugang zu einer Verhaltensänderung beim Hund suchen, finden und letztlich auch bereitstellen. Diesen „Schlüssel" kann er nur finden, wenn er seinen Fokus in erster Linie auf das Verhalten des Menschen und dann erst auf das Verhalten des Hundes richtet. Am Ende ist es ja immer (!) der Hundehalter, der diesen „Schlüssel" einsetzen muss, um den häufig verschlossenen Zugang zu seinem Vierbeiner erfolgreich öffnen zu können.
Ganz gleich, wie viel Hundetrainer am Verhalten des Hundes eines Kunden persönlich ändern können, es werden weder Zuverlässigkeit noch

Der Mensch – und damit der Halter des Hundes – muss überwiegend im Fokus eines Hundetrainers stehen.

Der Zugang zum Hund führt immer über den passenden Schlüssel, den der Mensch finden muss.

Beständigkeit in Sachen Verhaltensänderungen erreichbar werden. Um wirklich erfolgreich zu sein, muss der mit dem Hund zusammenlebende Mensch in der Lage sein, die erarbeiteten Trainingspläne zielgerichtet umzusetzen. **Eine weitgehende Souveränität und damit innere Ruhe und Gelassenheit gehören zu den wichtigsten Voraussetzungen, wenn ein Hundehalter das Verhalten seines Vierbeiners langfristig und nachhaltig verändern möchte.** Die Vermittlung dieser Eigenschaften sind für einen modernen Hundetrainer wesentlich erfolgsbestimmender, als der geschickte Umgang mit dem Hund des Menschen.

VERHALTENS-AUFFÄLLIGKEITEN

Wir nähern uns zunehmend der Zehn-Millionen-Marke, wenn wir über die Anzahl der in Deutschland lebenden Hunde sprechen.
Dieser enorme Zuwachs an sogenannten Familienhunden führt u.a. zu der Frage, ob das moderne und vor allem enge Zusammenleben von Mensch und Hund mit einer Zunahme an Verhaltensauffälligkeiten bei Hunden in Verbindung gebracht werden kann? Die Beantwortung dieser Frage kann gleich sechsmal mit JA erfolgen:

JA, weil das Zusammenleben zwischen Mensch und Hund durch die immer engere soziale Verbundenheit auch konsequenterweise mehr soziale Reibung aufweist. Die allermeisten unserer Hunde leben heute – glücklicherweise – nicht mehr im Zwinger oder in einer Scheune, sondern wohlbehütet und unmittelbar mit ihren Menschen zusammen. Dadurch entstehen allerdings auch mehr Reibungspunkte zwischen Hund und Mensch, als dies früher der Fall war.

JA, weil viele Menschen das Verhalten ihrer Hunde nicht wirklich verstehen und dadurch vieles fehlinterpretieren. Selbst die konstruktive Aggression bei Streitigkeiten zwischen zwei Hunden wird häufig als Tabu betrachtet und strikt unterbunden. Dass aber Aggressionsverhalten ein Kernmerkmal der sozialen Kompetenz darstellt, wird dabei einfach übersehen.

Der Hund ändert sein Verhalten nur, wenn der Mensch seines ändert.

JA, weil die Angst des Menschen vor Auseinandersetzungen mit dem Hund dessen soziale Entwicklung einschränkt. Hunde werden häufig nicht mehr erzogen. Stattdessen werden mit jeder Menge Tricks und „Tauschgeschäften" reglementierende Handlungen am Hund vermieden und sogar tabuisiert. Doch konstruktiv gestaltete Auseinandersetzungen zwischen zwei Beziehungspartnern sind für die Beziehungsqualität elementar! Wir Menschen streiten auch mit unseren zweibeinigen Beziehungspartnern und haben im Rahmen dieser Auseinandersetzungen gelernt, unsere Positionen im Streitgespräch so zu vermitteln, dass sie durch unseren Partner zumindest respektiert werden. Umgekehrt haben wir auch gelernt, dass wir die Positionen unseres Partners zu respektieren haben. Nur so geht Beziehung! Viele unserer vierbeinigen Sozialpartner zeigen in dieser Hinsicht Beziehungsdefizite, weil der Mensch sich nicht (zu-)traut, seine Position im begründeten Einzelfall gegenüber dem Hund souverän durchzusetzen.

JA, weil der Mensch noch immer nicht weiß, dass Hunde zwischen 16 und 18 Stunden am Tag Ruhe haben sollten. Galten noch vor 20 Jahren sehr viele verhaltensauffällige Hunde als unterfordert, treffen wir heute auf eine überwiegende Anzahl problematischer Hunde, die offensichtlich als überfordert gelten müssen. Ein Hundehalter hat kaum ein schlechtes Gewissen, wenn er seinem Vierbeiner den ganzen Tag über vermeintlich Gutes tut, indem er ihn permanent beschäftigt und nicht nur damit ständig auf Trab hält. Das schlechte Gewissen ist aber sofort gegenwärtig, sollte mal – aus welchen Gründen auch immer – ein Spaziergang mit dem Hund ausfallen. Viele Zweibeiner müssen da einfach umdenken.

JA, weil Hunde immer aktiv glücklich sein müssen und bloße Zufriedenheit als nicht ausreichend angesehen wird! Viele Menschen scheinen an einem aktiven Hund viel mehr Freude zu haben, als an einem zufrieden herumliegenden Vierbeiner.

Ein mit seinem Mensch sozial verbundener Hund …

… hat vor allem dann eine hohe Lebensqualität, …

… wenn „sein" Mensch weitestgehend authentisch ist.

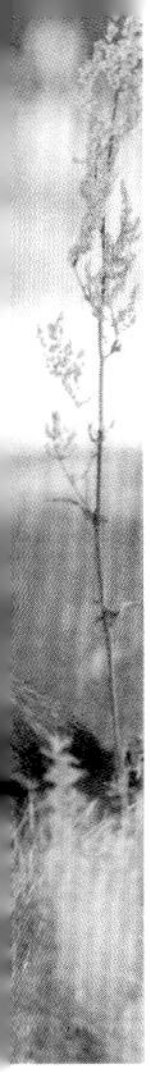

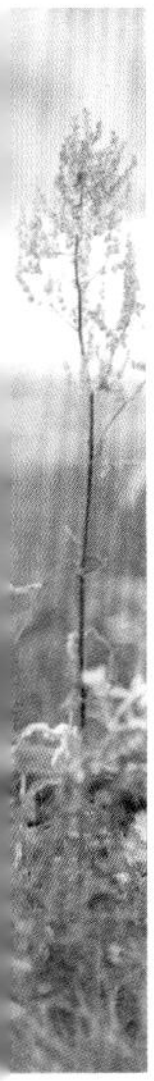

JA, weil vor allem der ideologische Methodenstreit in der Hundeerziehung wenig nützlich ist und viel verwirrt! Hier treffen wir auf deutliche Parallelen zur Kindererziehung, bei der ja auch unterschiedliche Erziehungsstile ohne klares Ergebnis seit vielen Jahren diskutiert werden.

STRESS, DER „KILLER" UNSERER LEBENSQUALITÄT?

Dann wäre da noch der alltägliche Stress. Er gilt als der hauptsächliche „Killer" unserer Lebensqualität. Dabei ist ja Stress an sich nichts Schlimmes, vorausgesetzt, die Dosis stimmt. Zu viel Stress jedoch verhindert emotionale Zufriedenheit, lässt uns nicht wirklich zur Ruhe kommen, sorgt für Schlaflosigkeit und macht uns letztlich sogar organisch krank. Da geht es unseren vierbeinigen Sozialpartnern keineswegs besser als uns Menschen. Einfach gar nichts mehr tun, um dem Stress aus dem Weg zu gehen, funktioniert allerdings ebenso wenig – weder bei einem Mensch, noch bei einem Hund. Denn auch Untätigkeit kann Stress auslösen, weil aktives Tun notwendig ist, um innere Zufriedenheit und damit Lebensqualität zu erreichen. Wir brauchen Stress zudem für den Erhalt unseres Organsystems. Nichtstun ist damit nicht gut und zu viel tun ist auch nicht gut. **Emotionale Zufriedenheit und damit hohe Lebensqualität ist deshalb nur möglich, wenn sich ein Mensch in ausreichender Weise Zeit für sich selbst nehmen kann.** Raus aus dem Hamsterrad und rein in die „meditative Hängematte". Kraft und Gelassenheit schöpfen und dann – warum nicht – wieder rein ins Hamsterrad.

OFT IST WENIGER MEHR!

In diesem Buch geht es vor allem darum, mögliche Wege aufzuzeigen, die dazu beitragen können, unseren vierbeinigen Sozialpartnern ein schönes und harmonisches Leben zu gestalten. Ein Leben, das nicht durch Aktionismus, Hektik und Stress geprägt wird. Ein Leben, bei dem stattdessen bereichernde Elemente wie innere Ruhe, Gelassenheit und vor allem Zufriedenheit im Mittelpunkt stehen. Dass dabei weniger im Ergebnis mehr sein kann, kann man oftmals schon nach sehr kurzer Zeit am Verhalten unserer Vierbeiner deutlich erkennen.

Doch genauso wie wir Menschen uns immer wieder zwingen müssen, unsere lebensbereichernden Auszeiten auch wirklich zu beanspruchen, müssen wir unter Umständen auch unseren nervösen bis „überdreht" wirkenden Vierbeiner zu Beginn eines Auszeit-Trainings ebenfalls verpflichten, zur Ruhe zu kommen. Nicht unerheblich ist dabei die Gewissheit, dass die Beziehungsqualität zwischen Mensch und Hund mittel- und langfristig optimiert wird. **Dabei ist gegenseitiges soziales Vertrauen das Fundament.**

Der erste Schritt auf dem Weg in ein glückliches Zusammenleben zwischen Mensch und Hund besteht allerdings in der nicht immer einfachen Aufgabe umzudenken und den Blickwinkel dabei zu verändern. Die wirklich wertvollen Inhalte des Lebens dabei zu erkennen, zu selektieren und gemeinsam mit dem Hund zu erleben, wird die Lebensqualität von Mensch und Hund gleichermaßen erhöhen.

Die gemeinsame Zeit mit dem Hund, außerhalb des Hamsterrades, zählt zu den besonders schönen Momenten im Leben.

INNERE SEHNSUCHT

— nach Ruhe und Gelassenheit

DER UMGANG MIT STRESS

Nach vielen Jahren unseres Trainings mit Menschen und deren Hunden steht für uns zweifelsfrei fest: Um als sogenannter Hundetrainer erfolgreich sein zu können, muss man zunächst den Menschen erreichen und – bei gegebener Notwendigkeit – dessen Verhalten verändern. Danach erst sollten methodische Konzepte im Sinne einer Trainingsplanung erfolgen.
Doch daraus ergeben sich gewisse Schwierigkeiten, denn der hinter seinem Hund stehende Mensch ist heutzutage durch einen stressproduzierenden gesellschaftlichen Wandel unverkennbar belastet und in vielen Fällen auch persönlich negativ betroffen. Und dass Stress ab einer gewissen Dosis nicht nur betroffen, sondern sogar krank machen kann, ist hinlänglich bekannt.

STRESS EVOLUTIONSBIOLOGISCH ERKLÄRT

Verhaltens- oder evolutionsbiologisch lässt sich Stress jederzeit erklären. So war es in früheren Zeiten überlebenswichtig, dass unser Körper bei Erkennen einer Gefahr möglichst schnell eine Gegenmaßnahme ergreifen konnte – meist war dies eine Vorbereitung auf Flucht, Angriff oder Verteidigung. In der Stressreaktion stiegen durch das Ausschütten von Stresshormonen Puls und Blutdruck, die Muskeln spannten sich an und in Sekundenbruchteilen stand dem Körper dadurch wichtige zusätzliche Energie zur Verfügung. Damit war auch schon damals Stress lebens- und überlebenswichtig.

Das Wörtchen STRESS dürfte in unserer Gesellschaft wohl innerhalb der sprachlichen Anwendung in der Häufigkeit eine Spitzenposition einnehmen. Vor allem in der Hundehaltung und im Hundetraining wird fast schon inflationär von diesem Begriff Gebrauch gemacht. Leider ist der Begriff Stress gedanklich sehr stark mit negativen Emotionen verknüpft und nur so ist das Bestreben erklärbar, Stress immer wieder aus dem Weg zu gehen. Ein falscher Gedanke! Stress ist – abhängig von dessen Dosis und Zeitdauer – nicht nur gesund, sondern sogar lebensnotwendig. Ohne Stress wären wir Menschen weder lebens- noch überlebensfähig. Stress ist ein wichtiges Lebenselixier, das uns von der Geburt bis zum Eintritt des Todes ständig begleitet.

WAS IST STRESS?

Eine der einfachsten Definitionen für Stress:
Ein innerer Belastungszustand des Körpers, hervorgerufen durch äußere und oder innere Einflüsse, auch Stressoren genannt.
Stress kann somit durch Einflüsse aus der uns umgebenden Umwelt entstehen. Ein lauter Knall, ein aufziehendes Gewitter oder der grimmige Blick eines Mitmenschen.
Stress kann aber auch und vor allem durch unsere Gedanken entstehen, ganz ohne unmittelbare Einflüsse von außen. Die Sorge um unsere Gesundheit – auch wenn wir in diesem Augenblick gesund sind. Die Gedanken an Armut oder Arbeitslosigkeit – obwohl wir in diesem Augenblick materiell gut versorgt sind und einem Beruf nachgehen.

Gelingt es dem Trainer, das Verhalten des Zweibeiners zu beeinflussen, sind Trainingserfolge meist nur eine Frage der Zeit.

DER PSYCHISCH „AUFGELADENE" MENSCH

Der moderne Mensch hat in einer mittlerweile veränderten Lebensform ein anderes Stresssystem entwickelt als seine Urahnen (siehe Info). Körperlicher Kampf, Flucht oder auch Verteidigung der eigenen Unversehrtheit sind in hochzivilisierten Gesellschaften nur noch selten notwendig.

Und dennoch empfindet der Mensch in sehr vielen Situationen des Lebens Stress. Die Verarbeitung von Stress ist dabei in unserer heutigen Zeit ein gravierendes Problem. Der psychisch „aufgeladene" Mensch hat kein ursprüngliches Ventil mehr, der innere Druck kann nicht oder nicht ausreichend abgeleitet werden und so kommt es im Körper bzw. im Kopf zu einem dauerhaften Alarm- bzw. Belastungszustand.

In unserer Gesellschaft wird Ausstieg mit Stillstand gleichgesetzt – und wer stehen bleibt, scheint verloren zu sein!

So schön beutebezogene Objektspiele – hier mit einem Ball – für Mensch und Hund sein mögen, …

… bei exzessiver und damit maßloser Anwendung sind negative Stressrisiken unbestreitbar.

Wenn man dann noch weiß, dass Stress eigentlich nur im Kopf des Menschen stattfindet, wird schnell erklärbar, warum sich unsere moderne Gesellschaft so intensiv mit Themen wie Depression oder Burn-out zu beschäftigen hat. Erschreckend viele Menschen befinden sich in einem Hamsterrad oder auch Teufelskreis in Sachen Stress, aus dem sie oftmals aus eigener Kraft nicht mehr herauskommen.
Seelische und auch organische Erkrankungen, deren Ursachen in einem mangelhaften Anpassungssystem für Stress zu finden sind, nehmen permanent zu.

GIBT ES AUCH „GESUNDEN" STRESS?

Dass sich die Wissenschaft bis heute nicht einig ist, ob es Stress nur in negativer oder auch positiver Form geben kann, mag manche Menschen verwirren. Das liegt ganz einfach daran, dass ein Teil unserer Wissenschaftler bestimmte Zustände im menschlichen Organismus erst dann als Stress bezeichnen, wenn sich dadurch negative Folgen oder gar Schädigungen ergeben. Sie bewerten Stress damit ausschließlich negativ. Für sie gibt es keine negative oder positive Bezeichnung, denn Stress wird generell als negativ angesehen.

EUSTRESS UND DISSTRESS

Andere wiederum teilen Stress in zwei Sparten auf: Sie sprechen über positiven Stress, der in der Fachliteratur auch **Eustress** genannt wird, und über negativen Stress, **Disstress** genannt.
„Dis" ist eine lateinische Vorsilbe und bedeutet „schlecht". Disstress ist aufgrund der hier zu erwartenden negativen körperlichen, geistigen und seelischen Folgen für den Betroffenen in einem Übermaß belastend und kann letztlich eine schädigende Wirkung aufweisen.
Eustress hingegen ist von einer griechischen Vorsilbe abgeleitet. „Eu" ist die Bezeichnung für „gut". Diese Art von Stress wird zunächst nicht als Belastung empfunden. Es handelt sich dabei meist um Einflüsse, die als besonders erregend empfunden und mit großer Leidenschaft ausgeführt werden. Hier kann Stress belebend wirken und die Leistungsfähigkeit sogar erhöhen. Aber übersteigt die jeweilige Erregung bzw. Erwartungshaltung ein bestimmtes Maß, kann auch aus Eustress Disstress werden.
Wir müssen uns in der Praxis und damit beim täglichen Umgang mit unseren Hunden tatsächlich sowohl mit Disstress (negative Form) als auch mit Eustress (positive Form) befassen, denn –

wie wir gleich noch erfahren werden – ist das eine oftmals mit dem anderen eng verbunden. Und das nicht nur bei unseren Hunden, sondern auch bei uns Menschen!

Wechsel von Eustress und Disstress

Zunächst dürfen wir davon ausgehen, dass positiver Stress tatsächlich gesund ist.

Im Fußballstadion: Ein sehr gutes Beispiel dafür ist das prall gefüllte Fußballstadion, in dem sich Tausende von Menschen unmittelbar vor Anpfiff eines Spiels in riesiger Vorfreude bzw. Erregung befinden. Im Spielverlauf kommt es bei erfolgreichen Aktionen auf dem Spielfeld zu extremen Glücksmomenten, unter deren Einflüsse Menschen aufspringen, begeistert die Arme nach oben reißen und lautstark jubeln. Dabei werden sogenannte Glückshormone ausgeschüttet, die letztlich zu einem berauschenden Zustand führen können. Wenn wir diesen Zustand im Körper nicht als Stress bezeichnen, übersehen wir auch die sehr enge Verbindung, die sich zwischen Eustress und Disstress herstellen lässt. Es fällt ein Tor, die Menschen jubeln begeistert! Das Tor wird aberkannt und Wut und Zornesröte verdrängen in Sekundenschnelle den schönen Augenblick zuvor. Aus Eustress wird Disstress.
Hier wird einem schnell klar, dass es tatsächlich eine enge Verbindung zwischen beiden Stressformen gibt, denn bedingt durch den positiven Stress befindet sich der Organismus des Menschen ohnehin schon in höchster Erregung. Kommt es dann noch zusätzlich zu negativen Einflüssen, verstärkt die bereits bestehende hohe Erregung das Gefühl von Wut und Zorn ganz erheblich. Der schnelle, fast übergangslose Wechsel von Eustress zu Disstress – oder auch umgekehrt – belegt, wie eng beide Bereiche miteinander verbunden sein können.

Der Lottoschein: Ein völlig anderes Beispiel kann ein Lottoschein mit sechs Richtigen sein. Die innere Erregung nach Bekanntgabe steigt ins Unermessliche, der Körper „bebt", die Hände zittern, der Jubel kennt keine Grenzen. Doch je mehr wir den Organismus in die Erregung treiben, umso enttäuschter und verbitterter sind wir nach Bekanntwerden der Tatsache, dass wir vergessen haben, den Lottoschein abzugeben.
Nehmen wir nun einmal ein typisches Beispiel aus dem Mensch-Hund-Alltag dafür, wie schnell bei einem Hund der Wechsel vom positiven zum negativen Stress im Einzelfall erfolgen kann.

Hier sind ruhige Phasen sehr wichtig, um die innere Balance zu halten.

AUS DER PRAXIS

VOM POSITIVEN ZUM NEGATIVEN STRESS

Ole ist ein sogenannter Balljunkie. Ballspielen ist seine extreme Leidenschaft. Sieht er den Ball, steigt seine Erwartungshaltung ins Unermessliche! Sein Körper ist extrem angespannt, die hinteren Gliedmaßen zittern, die Pupillen sind angesichts der Erregung geweitet. Zufällig nähert sich in diesem Augenblick ein weiterer Hund dem Geschehen an. Ole sieht dessen Annäherung und in Bruchteilen von Sekunden wird seine positive Erwartungshaltung in frustrative Energie (der andere Hund kann Konkurrent werden) umgewandelt, die zu einem aggressiven Angriff auf den Artgenossen führt. Ole fügt eigentlich keinem Hund ein Leid zu, eigentlich. Doch unter dem Einfluss der extrem stimulierenden Erwartungshaltung kommt es augenblicklich zu einem Wechsel von der positiven in eine ausgesprochen negative Stimmung, die letztlich zu aggressiven Handlungsweisen führt.

Bei Ole und vielen weiteren Hunden, die man zutreffend mit dem Begriff „Balljunkie" verbindet, kommt noch ein weiterer wichtiger Umstand dazu. Versucht man einen Balljunkie Tag für Tag bis zur körperlichen Erschöpfung quasi müde zu spielen, können mittel- und langfristig genau diese Erschöpfungszustände ebenfalls zu einer Schädigung des Körpers durch Überbeanspruchung führen. Obwohl scheinbar gar nichts Negatives passiert. Das zeigen übrigens unsere Praxiserfahrungen anhand der immer wieder festgestellten, reduzierten Lebenserwartung vieler Balljunkies. Das permanente Bedienen der suchtfördernden Leidenschaft über Jahre hinweg, betreibt Raubbau an Körper und Geist dieser Hunde! Damit kann auch ausschließlich positiver Stress mittel- und langfristig negative Formen annehmen. Allzu viel ist ungesund und das gilt damit auch für den positiven Stress.
Das Ganze geht allerdings auch anders herum, vom Negativen zum Positiven, wie wir am nächsten Beispiel sehen werden.

NEGATIVER STRESS, AUCH POSITIV?

Doch so wie ein positiver Stress auch negative Seiten aufweisen kann, müssen wir uns keinesfalls bei negativem Stress nur mit den Nachteilen beschäftigen. Wie bekanntermaßen jede Medaille zwei Seiten hat, so hat auch der negative Stress zwei Seiten, eine positive und eine negative. Wenden wir uns in diesem Zusammenhang zunächst der allgemein bekannten Seite des negativen Stresses zu (siehe Grafik).
Stress ist durchaus gefährlich und auch heimtückisch. Manche Menschen leiden unter Stress und erkennen selbst beim Vorhandensein gesundheitlicher Beschwerden nicht wirklich, dass deren Auslöser ganz einfach unter dem Begriff Stress zu finden ist.

WARUM KANN STRESS GEFÄHRLICH WERDEN?

Negative Auswirkungen von Stress auf den Organismus

Man kann die negativen Wirkungen von Stress durchaus mit dem tropfenden Wasserhahn vergleichen. Wassertropfen, die immer wieder kurzzeitig auf eine Betonfläche fallen, können dem Beton kaum etwas anhaben. Doch wie uns schon das Sprichwort „Steter Tropfen höhlt den Stein" lehrt, ist bei einer mittel- und langfristigen Belastung des Betonbodens die aushöhlende Wirkung der Wassertropfen unverkennbar.

Wenn wir wissen, dass es zwischen Mensch und Hund eine Stimmungsübertragung gibt, kann man sich gut vorstellen, dass ein ständig gestresster Mensch sein persönliches Stressverhalten früher oder später auch auf den mit ihm zusammenlebenden Sozialpartner Hund überträgt.

Das ist zunächst nichts Neues und dennoch führt diese Erkenntnis gleichzeitig zu der Gewissheit, dass eine harmonisch ausgerichtete Mensch-Hund-Beziehung nur dann mit Lebensfreude und Zufriedenheit verbunden sein kann, wenn vor allem ein ständig gestresster Mensch bereit ist, sich selbst zu verändern. Viele Hundetrainer wissen deshalb ganz genau, dass sie beispielsweise beim Umgang mit verhaltensauffälligen Hunden den Schwerpunkt ihrer Arbeit nicht auf den Hund, sondern auf den Menschen zu setzen haben. Nur so lässt sich im modernen Hundetraining ein erfolgreiches Wirken generieren. Genau diese Hundetrainer sind in gewisser Hinsicht auch erfolgreiche „Psychologen", wenn es ihnen gelingt, Menschen in ihrem Denken und Handeln beim Umgang mit dem Hund positiv zu verändern.

Eines von vielen Stress-Gesichtern bei einer Hundehalterin, die sich der bevorstehenden Hundebegegnung mit Besorgnis ausgesetzt sieht.

Belastenden Stress beim Menschen erkennen, beurteilen und auf sein Stresssystem Einfluss nehmen, ist viel wichtiger, als jedes funktionale Training am Hund.

Positive Auswirkungen von Stress auf den Organismus

Stressvermeidung

Stressvermeidung verhindert positive Wirkung von Stress!

Bitte kommen Sie jetzt aber keinesfalls auf die Idee, ständig einen Plan zur Stressvermeidung zu entwickeln. Allein der ständige Zwang, sich jederzeit Stress unbedingt entziehen zu wollen, erzeugt erheblich mehr Stress, als ein kluges Stressmanagement zu entwickeln. Warum es nicht gut sein kann, im Leben ständig auf Stressvermeidung zu setzen, wird schnell erkennbar, wenn wir uns einmal die positiven Aspekte von Stress genauer ansehen (siehe Grafik oben).

Die Gegensätzlichkeit eines aktiven bzw. passiven Stresssystems: Während dieser Hund sogenannten Stressoren aktiv handelnd begegnet, …

Stress ist ein lebenswichtiges Elixier, das als unverzichtbar gelten muss. Der richtige Umgang mit negativem Stress ist weitaus wichtiger als jeglicher Versuch, ihn permanent zu umgehen. Stressmanagement bringt unser Leben viel besser in eine wichtige Balance als jeglicher innere Zwang zur permanenten Stressvermeidung.

AKTIVE UND PASSIVE STRESSSYSTEME

Es gibt zwei wichtige Faktoren, die mitbestimmen, wie gefährlich sich Stress auf einen Organismus auswirkt. Das ist zum einen die Intensität der sogenannten Stressoren und die Dauer von deren Einwirkungen. Hinzu kommt bei der Stressbeurteilung noch der Umstand der jeweiligen Stressresistenz, die ein Mensch hat oder auch nicht. Eine weitere wichtige Aussage betrifft übrigens wieder Mensch und Hund gleichermaßen: Es gibt aktive und passive Stresssysteme!

Fingerabdruckgleich hat jedes Individuum, ganz gleich ob Mensch oder Hund, sein eigenes, einzigartiges Anpassungssystem in Sachen Stress. Im Grunde kann man – vereinfacht gesehen – zwei gegensätzliche Verhaltensmuster erkennen, wenn man Stressverhalten zu beurteilen hat. Es handelt sich dabei um die aktive – und gegenteilig um die passive – Form von Stressreaktionen.

Beim **aktiven Stresssystem** zeichnet sich das Individuum durch eine vergleichsweise hohe Handlungsaktivität aus. Bei uns Menschen ist das beispielsweise an hektischer Unruhe, wildem Gestikulieren, lautstarkem Protestieren oder Brüllen, bis hin zu sogenannten Kontrollverlusten (die Reaktionen werden nicht mehr bewusst gesteuert) zu erkennen.

Beim **passiven Stresssystem** hingegen sind nach außen erkennbare Handlungen reduziert oder überhaupt nicht erkennbar. Jemand, der bei Stressaufkommen quasi sprichwörtlich „alles in sich hineinfrisst" oder „in sich zusammenfällt" und nach außen keine oder nur wenig Handlungsaktivität zeigt, dem ist das passive Stresssystem zuzuschreiben.

Wenn sich beispielsweise zwei Menschen eingeschlossen in einem festsitzenden Fahrstuhl befinden und befürchten müssen, lange Zeit darin gefangen zu bleiben, ist bei beiden Personen mit Stressaufkommen zu rechnen. Während jedoch der eine in dieser Stresssituation panikartig mit Fäusten und Füßen gegen die Fahrstuhlwand schlägt, tritt und laut um Hilfe ruft, sitzt der andere zeitgleich in gekrümmter Körperhaltung, den Kopf auf den Knien liegend, verloren wirkend und depressiv anmutend auf dem Fahrstuhlboden. Beide Menschen stehen unter vergleichbar hohem Stress und beide Menschen gehen völlig gegensätzlich damit um.

Warum ist diese Unterteilung so wichtig?

Nun, weil Menschen mit einem aktiven Stresssystem von ihren Hunden völlig anders wahrgenommen werden, als Menschen mit einem passiven Stresssystem. Und so ist es auch naheliegend, dass ein Hund sein eigenes Verhalten dem Verhalten seines Menschen in Stresssituationen entweder anpasst oder – im Gegenteil – versucht, dieses Verhalten zu kompensieren, um einen gewissen Ausgleich zu erzielen. Beide gegensätzlichen Verhaltensmuster – angepasst oder kompensierend – können sehr gut an zwei praxisorientierten Kurzbeispielen vorgestellt werden.

… wirkt sich hier Stress eher lähmend auf die Reaktionen dieses Hundes aus. Bei ihm spricht man deshalb von einem passiven Stresssystem.

Der Stress dieses Hundes überträgt sich auf den Zweibeiner und umgekehrt. Ein Teufelskreis, aus dem viele Hundehalter ohne Hilfe nicht mehr herauskommen.

AUS DER PRAXIS

DIE ANGEPASSTE STRESS-VARIANTE

Frau Müller bezeichnet sich selbst als eher zurückhaltende und unsichere Person. Geht sie mit ihrem Mischling Max spazieren, fürchtet sie sich vor entgegenkommenden Hunden, weil Max erst kürzlich auf dem Spaziergang von einem für ihn fremden Artgenossen gebissen wurde. Kommt nun ein Hund entgegen, wirkt sie stressbedingt wie gelähmt (passives Stresssystem). Sie bleibt dann quasi handlungsunfähig stehen und hofft, dass nicht wieder etwas passiert. Max passt sich umgehend diesem Verhalten an und verkriecht sich bei gekrümmter Körperhaltung hinter dem Körper seines Frauchens. So verharren beide, bis der entgegenkommende Hund vorbeigeführt wird und zum Glück nichts passiert ist.

DIE KOMPENSIERENDE STRESSVARIANTE

Frau Kaufmann bezeichnet sich ebenfalls als zurückhaltende und unsichere Person. Sie geht mit ihrem Mischling Moritz spazieren, fürchtet sich – genau wie Frau Müller – vor entgegenkommenden Hunden, weil auch Moritz kürzlich auf dem Spaziergang von einem für ihn fremden Artgenossen gebissen wurde. Kommt nun ein Hund entgegen, bleibt auch sie handlungsunfähig stehen (passives Stresssystem). Moritz hingegen versucht nun, dieses passive Verhalten zu kompensieren (auszugleichen), und dies tut er an straffer Leine mit protestierenden Angriffshandlungen auf den entgegenkommenden Hund. Frau Kaufmann berichtet später, dass er dieses Verhalten nur bei ihr zeige, bei anderen Familienmitgliedern hingegen verhalte er sich viel zurückhaltender.

Zwei Beispiele aus der Praxis, die deutlich machen, dass Hunde in irgendeiner Art das Stressverhalten ihrer Menschen reflektieren. Und das kann im einen Fall angepasst bzw. nachahmend oder auch kompensierend bzw. mit gegenteiligem Verhalten geschehen. Genauso reflektieren auch Hunde das aktive Stresssystem ihrer Menschen, indem sie sich nachahmend und damit angepasst oder auch gegenteilig kompensierend im Verhalten zeigen. Dabei ist vollkommen klar, dass Stimmungsübertragungen von Menschen auf ihre Hunde durch die charakterliche Individualität der Vierbeiner (Alter, Rasse, Geschlecht, Lebenserfahrungen) ganz erheblich mitbestimmt wird. Dennoch wird sich jeder Hund in irgendeiner Form am Stressverhalten seines Besitzers orientieren.
Nicht nur aus diesem Grund muss sich jeder Hundehalter darüber im Klaren sein, dass sich das Verhalten seines Vierbeiners in Stress- und Konfliktsituationen ganz erheblich am eigenen (Stress-)Verhalten orientiert. Deshalb ist zunächst wichtig, genug Transparenz zum eigenen Verhalten zu erlangen und daraus die richtigen Schlüsse zu ziehen. Wir werden noch Wege aufzeigen, wie gut und effektiv man über eine zielgerichtete Veränderung persönlicher Verhaltensweisen nachhaltig Einfluss auf unerwünschte Verhaltensweisen seines Hunde nehmen kann (siehe S. 134 ff. und S. 184 ff.).

AUS DER PRAXIS

VOM NEGATIVEN ZUM POSITIVEN STRESS

Charly steht knurrend mit gesträubtem Nackenfell am Gartentor. Da kommt bei leichtem Nieselregen ein „komischer" Mensch, in der Hand einen aufgespannten Regenschirm, auf sein Grundstück zu. Je näher dieser kommt, umso mehr Unruhe macht sich in Charly breit. Er verstärkt sein drohendes Knurren, beginnt aggressiv zu bellen und mittlerweile sträubt sich sein Fell nicht nur im Nacken, sondern verteilt über den gesamten Rücken.

Charly ist definitiv gestresst, denn er rechnet mit einem fremden Eindringling. Doch plötzlich spricht ihn der vermeintlich Fremde an – und das mit der Stimme seines Herrchens. Charly ist mehr als erleichtert und schreit förmlich seine Freude über die Heimkehr seines Besitzers aus sich heraus. Herrchen gelingt es nach Betreten des Grundstückes nicht einmal mehr, Charly am Anspringen zu hindern, obwohl ihm das eigentlich schon erfolgreich abgewöhnt wurde. „So hat der sich ja noch nie gefreut", kommentiert Charlys zwischenzeitlich aus dem Haus kommendes Frauchen das Geschehen.
Angesichts der sehr negativen Gefühlswelt, in der sich Charly anfangs befand, erlebt er nun die Erleichterung und Freude mit einer viel höheren Intensität, als das ohne vorherigen Stress der Fall gewesen wäre.

BESSER, SCHNELLER, HÖHER, WEITER!?

Um in unserer modernen, extrem hektisch und schnelllebig gewordenen Gesellschaft bestehen oder gar erfolgreich sein zu können, muss jeder Mensch auf seine Art die Ärmel hochkrempeln und eine leistungsorientierte Ausrichtung einnehmen. Erfolg hat immer etwas mit Leistung zu tun und jede Leistung wird in unserer Gesellschaft mit der Leistung anderer verglichen.
Um bei einem entsprechenden Leistungsvergleich gut abschneiden zu können, muss jeder von uns möglichst **besser** sein, als irgendein anderer, Arbeitsergebnisse **schneller** und gründlicher liefern, die Karriereleiter **höher** steigen und anderen gegenüber möglichst immer einen Schritt **weiter** voraus sein. Das ist das logische Prinzip einer Leistungsgesellschaft, in der wir uns nun einmal alle befinden.
Die zu erwartenden Vorteile sind nicht von der Hand zu weisen: Wer anderen voraus ist, lebt zunächst deutlich komfortabler und das gleich auf mehreren Ebenen. Auf materieller Ebene kann er sich mehr leisten als andere. Mehr Geld, mehr Wohnkomfort, besseres Auto, schickere Kleidung und viele weitere materielle Vorteile. Mental wird dem erfolgreichen (Leistungs-) Menschen Anerkennung, Achtung, Respekt und Bewunderung zuteil. Neid und Missgunst spielen dabei eine untergeordnete Rolle. Sehr viele Menschen streben in unserer Gesellschaft sowohl mentalen als auch materiellen Reichtum an. Nur so ist ja auch die Gesellschaft erklärbar, in der wir heute leben.
Dabei werden Hektik und Stress scheinbar billigend in Kauf genommen. Viele Menschen haben oftmals das Gefühl, nicht mehr zu leben, sondern gelebt zu werden. Hinzu kommt, dass sehr viele leistungs- und erfolgsorientierte Menschen auch Hunde haben! Und in diesem Zusammenhang können sich durchaus erste und dabei auch ernste Schwierigkeiten im Zusammenleben zwischen Mensch und Hund ergeben.

Das globale Leistungsprinzip, in dem die meisten Menschen leben, hinterlässt selbstverständlich seine Spuren. Und zudem steht die, wenn auch provokante, so doch berechtigte Frage im Raum, warum sich eine leistungsorientierte Gesellschaft mittlerweile in Sachen Hund auf die 10-Millionen-Marke zubewegt?

KEINE ZEIT, ABER EIN HUND!

Im Kern ist doch der Gedanke naheliegend, dass sich die Anschaffung eines Hundes auf die persönlichen Leistungsprozesse eines Menschen hinderlich auswirkt. **Wenn man ohnehin für nichts mehr wirklich Zeit hat, was soll dann noch ein Hund im Haushalt?**
In der Tat schaffen sich viele Menschen einen Hund an, um vor allem eigene Bedürfnisse zu befriedigen. Das Bedürfnis nach Ablenkung, nach (erzwungenen) Auszeiten, nach sozialer Nähe, nach Kompensationen im hektischen Alltagstreiben. Dass allerdings auch ein Hund Bedürfnisse haben könnte, die über das Fressen und Saufen, Spazierengehen und Schlafen hinausgehen, wird oft viel zu wenig berücksichtigt. Glaubt man den Aussagen vieler kompetenter Beobachter und Fachleute im Hundewesen, wissen viele Menschen vor der Anschaffung nicht, was die Haltung eines Hundes überhaupt bedeutet. Stellvertretend möchten wir hier die Aussage der renommierten und von uns geschätzten Verhaltensforscherin und Hundekennerin Dr. Dorit Feddersen-Petersen aus dem Jahr 2014 wiedergeben, in der sie die bestehenden Probleme in der Beziehungskiste Mensch/Hund trefflich beschreibt: *„Es steckt dahinter, dass in sehr, sehr vielen Hund-Mensch-Beziehungen eine ganz starke Naturentfremdung vorhanden ist, dass viele Menschen nicht wissen, was ein Hund überhaupt ist.*

Sie finden einen Hund schön, holen ihn sich ins Haus, weil so ein Hund womöglich gut zum Mobiliar oder zum Auto passt – vielfach ist es ja tatsächlich so. Oder sie vermenschlichen einen Hund sehr konsequent und sagen: 'Ich mag die Menschen nicht mehr, ich hole mir jetzt einige Hunde, mit denen ich zusammenleben möchte.' Und das, obwohl diese Menschen von Hunden und deren Bedürfnissen überhaupt keine Ahnung haben. Das sind dann vielfach auch Hunde, die besondere Ansprüche haben, wie z.B. Laufhunde oder Jagdhunde oder Schutzhunde, die wirklich eine sehr gute Erziehung brauchen. Es ist vielfach so grotesk, wie Hunde gehalten werden, dass man sich fragt, wieso eigentlich nur so wenig passiert. Es kommt sehr, sehr häufig vor, dass ein Hund gar nicht erzogen wird und stattdessen im Stile von Laisser-faire mit ihm umgegangen wird. Es kommt auch sehr häufig vor, dass Hunde sozial verkommen, was ebenfalls ganz, ganz schlimm ist: Sie werden alleine gelassen, häufig zu mehreren, und man macht nur ab und zu etwas mit ihnen.“

Wir dürfen sicher nicht alle Hundehalter über einen Kamm scheren, aber in dieser Aussage steckt dennoch eine Menge Wahrheitsgehalt. Blicken wir auf die vergangenen Jahrzehnte unserer Berufserfahrung in Sachen Hund zurück, so stellen wir fest, dass sich in den vergangenen 10 bis 15 Jahren bei uns in Deutschland eine ganze Menge im Zusammenleben zwischen Menschen und Hund geändert hat. Sowohl im Guten wie auch im Schlechten.

Gut ist es sicher, dass wir durch den generell veränderten Umgang mit unseren Vierbeinern die tierschutzrechtlichen Belange reformiert haben. Extreme Zwänge bzw. Brutalitäten, um einen Hund einfach erzieherisch nur gefügig zu machen, verschwinden zunehmend. Hunde leben heute überwiegend als soziale Partner in häuslichen Gemeinschaften mit ihren Menschen zusammen. Eine verbesserte Gesundheitsfürsorge und damit verbunden eine verbesserte Nahrungsqualität garantieren bei unseren Familienhunden eine höhere Lebenserwartung, als dies früher der Fall war. Das alles muss als eine sehr positive Entwicklung gesehen werden.

Schlecht ist es aber, dass mit einer zunehmenden Vermenschlichung unserer Hunde, mit dem Verzicht auf erzieherisch wichtige Grundlagen, mit einer häufig zu erkennenden Überversorgung an sozialen und sonstigen Umwelteinflüssen, die eigentlich positive Seite der Entwicklung gleich wieder negativ kompensiert wird (siehe auch S. 54 f.).

Insbesondere der erkennbar zunehmende Verzicht auf erzieherisch wichtige Grundlagen belastet viele Mensch-Hund-Beziehungen.

ERWARTUNGEN EINES HUNDES AN SEINEN MENSCHEN

Wir Menschen können uns mit unserer „Konsumgier“ sicher ein gutes Beispiel an der Schlichtheit der Bedürfnisse unserer Hunde nehmen, wenn es um innere Zufriedenheit geht. Nur in einer Hinsicht haben Hunde tatsächlich höhere Ansprüche, als wir Menschen oftmals glauben wollen. Doch das sind keine materiellen, sondern soziale Ansprüche, die es zu erfüllen gilt. Was Hunde von ihren Menschen in **materieller Hinsicht** „erwarten“ dürften, ist schnell aufgezählt und genügt bei Erfüllung auch den Ansprüchen unseres Tierschutzgesetzes:

Hunde wollen ein Teil der Familie sein und dazugehören.

— Hunde müssen möglichst gesund ernährt werden.
— Hunde müssen stets gesundheitlich optimal betreut, gepflegt und versorgt werden.
— Hunde brauchen einen Rückzugsbereich, in dem sie auch Ruhe finden.
— Hunde müssen gegen übermäßige Temperaturen (Wärme/Kälte) geschützt werden.
— Hunde sollten, entsprechend individueller und auch rassespezifischer Bedürfnisse, im Alltag beschäftigt und ausgeführt werden.

In **sozialer Hinsicht** sind die Erwartungen des Hundes an seinen Menschen etwas anspruchsvoller und an der Nichterfüllung scheitern übrigens zahlreiche Mensch-Hund-Beziehungen:

— Hunde wollen sozial integriert und damit Teil der Familie sein.
— Hunde wollen soziale Nähe, Wärme, Zuneigung und Geborgenheit spüren.
— Hunde wollen mit ihren Menschen sozial kommunizieren.
— Hunde wollen Spaß und Freude im Zusammenleben mit ihren Menschen erfahren.
— Hunde wollen möglichst ausgeglichene und fröhliche Menschen an ihrer Seite.
— Hunde wollen sich an ihrem Menschen in schwierigen Situationen orientieren.
— Hunde akzeptieren soziale und konstruktive Auseinandersetzungen mit ihren Menschen, wollen sie aber verstehen und zuordnen.
— Hunde erwarten Fairness, Sicherheit und innere Stabilität ihrer Menschen.
— Hunde erwarten soziale Distanz in Ruhephasen (!) Kein Hund will ständig „betüttelt“ werden.
— Hunde brauchen im Umgang mit dem Menschen soziales Vertrauen und Planungssicherheit.

Wer nun glaubt, dass mit diesen grundlegenden sozialen Ansprüchen ein Hund täglich stundenlang durch seinen Menschen betreut werden muss, täuscht sich. Die Erfahrung zeigt, dass ein täglicher, direkter und damit gezielter sozialer Umgang (soziales Kommunizieren, Spielen, Streicheln, Beschäftigen, Blödsinn machen) eines Menschen mit seinem Hund idealerweise eine Zeitspanne von ein bis zwei Stunden einnimmt. Nun könnte man ja schlussfolgern, dass sich der Mensch an 22 bis 23 Stunden am Tag nicht kümmern sollte. Das wäre allerdings das falsche Fazit, denn ein Großteil der zeitlich gemessenen, sozialen Erwartungen erfüllen wir allein durch unsere Anwesenheit und damit unsere soziale Nähe zum Hund. Nehmen wir dazu ein typisches 24-Stunden-Beispiel, das in vielen gut funktionierenden Mensch-Hund-Familien zu finden ist (siehe Kasten).

Der beispielhaft genannte Tagesablauf ist sicher nicht verpflichtend, kann aber durchaus als grobe Orientierung in der Hundehaltung dienen. Das bedeutet auch, wer in seiner persönlichen Hundehaltung extreme (!) Abweichungen fest-

---

TAGESABLAUF EINER MENSCH-HUND-FAMILIE

So könnte ein Tagesablauf in einer Familie ungefähr aussehen:

06.00 Uhr: Tagesbeginn mit kleiner Gassirunde, Frühstück, Fütterung des Hundes und sonstige Vorbereitungen für den Alltag. Der Vierbeiner ist dabei einfach zwanglos mit integriert und muss nicht zwingend beschäftigt werden.

07.30 Uhr: allgemeiner Aufbruch, Arbeits- bzw. Schulbeginn, erste Tagesruhephase (erste Auszeit) für den Hund für beispielsweise 5 Stunden.

12.30 Uhr: familiäre Zusammenkunft, anschließende Gassirunde, angereichert mit sozialer Kommunikation und im Einzelfall mit individueller Beschäftigung (beispielsweise Ball- oder Schnüffelspiele).

13.30 Uhr: Rückkehr vom Spaziergang und zwanglose Integration des Hundes in die jeweiligen Tagesabläufe (Dabeisein ist alles).

14.00 Uhr: cirka 2,5-stündige Ruhephase (zweite Auszeit) für den Hund, bewusst ohne Beschäftigung und ohne Integration ins familiäre Geschehen.

16.30 Uhr: allgemeine familiäre Aktivitäten mit zwangloser Integrierung des Hundes ohne zwingende Beschäftigung.

17.30 Uhr: längerer Spaziergang, eventuell mit Treffen anderer Hunde (Kumpels), dabei zeitweiliges spielerisches Laufen und Toben mit den Artgenossen oder auch Treffen mit anderen Hundehaltern in der Hundeschule. Anschließend Abendbrot sowie Fütterung des Vierbeiners.

20.00 Uhr: gemeinsamer Abend im Wohnzimmer, Hund kuschelt mit Familienmitgliedern auf dem Sofa, keine zusätzliche Beschäftigung. Entspanntes und harmonisches Miteinander steht dabei im Mittelpunkt. Zusätzliche Ruhephasen je nach individuellem Bedarf des Vierbeiners.

22.00 Uhr: letzte kleine Gassirunde und Verbringen der Nachtruhe gemeinsam mit den Zweibeinern im Wohnbereich.

16 bis 18 Stunden täglich sollte ein Hund schlafen bzw. zur entspannten Ruhe kommen. Das entschleunigt nicht nur, sondern leistet einen enormen Beitrag zur Optimierung der Lebensqualität.

stellen sollte, muss sich zumindest Gedanken darüber machen, ob er nicht zu viel oder auch zu wenig in das Zusammenleben mit seinem Hund investiert. Wenn wir nämlich die jeweils aufgeführten Zeiten berechnen, kommen wir auf rund 16 bis 17 Stunden Ruhephasen (nachts acht Stunden, vormittags fünf Stunden und nachmittags bzw. abends cirka drei bis vier Stunden). Diese 16 Stunden Ruhezeit gelten auch in Fachkreisen weitgehend als idealer Richtwert für empfehlenswerte Ruhephasen beim Hund.

Da in unserem Beispiel der Hund die Nachtzeit mit seinen Besitzern im Schlafzimmer verbringt und tagsüber ebenfalls rund acht Stunden in sozialer Nähe zu seinen Menschen lebt, ist über einen Zeitraum von täglich rund 16 Stunden soziale Verbundenheit gegeben. Hunde, die – aus welchen Gründen auch immer – nicht im Schlafzimmer untergebracht sind, genießen nach unserem Beispiel acht Stunden am Tag soziale Nähe zu ihren Menschen. Dies sehen wir ebenfalls als absolut ausreichend an. Dabei ist ja das Thema – der Hund im Schlafzimmer – noch immer umstritten, weshalb wir darauf später umfassender eingehen werden (siehe S. 106 f.).

Ruhephasen entschleunigen und garantieren eine höhere Lebensqualität!

Die Frage, ob ein Hund während der Ruhephasen im jeweiligen Raum allein sein sollte oder die Ruhe unter Anwesenheit seiner Menschen genießt, hängt übrigens vom Einzelfall ab. Jeder Vierbeiner, der tiefenentspannt und eben auch schlafend seine Ruhephasen in Anwesenheit von Menschen finden kann, braucht sicher keine „isolierte" Räumlichkeit. Hingegen sollten Hunde, die bei Anwesenheit von Menschen unter ständiger Erwartungshaltung stehen und quasi kein Auge zumachen können, sehr wohl durch Training dazu gebracht werden, die Ruhezeiten in einer menschenleeren Räumlichkeit zu verbringen.

UNTERSCHÄTZTE STIMMUNGS-ÜBERTRAGUNG

Die Vorbildfunktion des Menschen ist unbestreitbar! Unsere Hunde richten einen nicht unerheblichen Teil ihres eigenen Verhaltens am Verhalten ihrer Menschen aus.

Das Thema Stimmungsübertagung spielt im Zusammenleben zwischen Mensch und Hund eine sehr bedeutsame Rolle und deshalb sollte jeder Hundehalter wissen, dass seine eigene Gefühlswelt, sein eigenes individuelles Handeln, ja sogar sein Denken in vielen Alltagssituationen durch seinen Vierbeiner nicht nur begleitet, sondern auch beobachtet wird.
Als allelomimetisches Verhalten wird die Stimmungsübertragung auf fachlicher Ebene bezeichnet. Damit ist die Verhaltensangleichung bzw. Verhaltensanpassung eines Individuums an das Verhalten eines anderen Individuums gemeint. Wir wissen doch alle, wie „ansteckend" Lachen oder auch Weinen sein kann. Deshalb kann man durchaus die Schlussfolgerung ziehen:
Überwiegend fröhliche und gut gelaunte Menschen haben fröhliche und gut gelaunte Hunde. Überwiegend traurige Menschen haben hingegen oftmals auch traurig wirkende Hunde.

VORBILDFUNKTION MENSCH

Unsere Vierbeiner üben sich sehr häufig im Nachahmen von Verhaltensweisen von sozialen Partnern, mit denen sie zusammenleben. Interessant dabei ist, dass sie dieses Bestreben nicht nur im Zusammenleben mit Artgenossen, sondern auch mit den Menschen, die sie ständig umgeben, zeigen können. Dasselbe gilt aber nicht nur für Handlungen, sondern auch für grundlegende Stimmungsbilder, die sie täglich durch den Menschen wahrnehmen. Dieser Umstand ist vor allem für erfahrene Hundetrainer nichts Neues, wohl aber für eine Vielzahl an Hundehaltern. Unsere Familienhunde dürfen für sich nach rund vierzigtausend Jahren Zusammenleben mit dem Menschen in Anspruch nehmen, das eigentlich artfremde Wesen „Mensch" unglaublich gut zu kennen. Kein Wunder, denn Hunde gelten nicht

nur als enorm anpassungsfähig, sondern auch als unglaublich intelligent.
Es gibt tatsächlich Hundehalter, die auf langjährige Erfahrungen mit vielen, charakterlich sehr verschiedenen und auch nicht immer einfachen Hunden zurückblicken. Und dabei hatten sie nie nennenswerte Verhaltensprobleme bei ihren Vierbeinern zu beklagen. Stattdessen haben sie all die Jahre eng und verbunden mit diesen Hunden unter harmonischen familiären Bedingungen unter einem Dach gelebt. Andererseits treffen wir auf Menschen mit ähnlich langen Erfahrungen und ebenso vielen Hunden und diese beklagen quasi ständig Verhaltensauffälligkeiten bei ihren Vierbeinern. Derartige Verhaltensauffälligkeiten können sehr vielfältig sein: beispielsweise erzieherische Defizite, aggressive Tendenzen, innere Unruhen, Unsicherheiten oder soziale Probleme mit Artgenossen. Hundetrainer wissen, wie unterschiedlich Hundehalter „gestrickt" sind, wenn sie sich im Alltag mit ihren Vierbeinern bewegen. Auch wenn es grundsätzlich falsch ist, in jedem Einzelfall den Menschen für Verhaltensauffälligkeiten beim Hund verantwortlich zu machen, so darf dennoch der Einfluss des Menschen auf das Verhalten seines Hundes nicht unterschätzt werden.

EINE FRAGE DES TYPS

Es gibt eine ganze Reihe unterschiedlicher „Persönlichkeits-Modelle". Eines der ältesten und dennoch stets aktuell entspringt der hypokratischen Temperamentenlehre. Die generelle charakterliche Unterschiedlichkeit von Menschen wird seit vielen Jahrhunderten zu kategorisieren versucht. Dabei gilt die Unterteilung der Menschen in vier unterschiedliche Typen bzw. Temperamente als das älteste Persönlichkeitsmodell der Welt. So hat der römische Arzt und Anatom Galenos von Pergamos bereits gegen Ende des 2. Jahrhunderts dies mit seiner „Temperamentenlehre" erklärt.
Erst im 20. Jahrhundert geriet dieses Vier-Typen-Modell in den Fokus der Wissenschaft und wurde von verschiedenen Forschern als Grundlage für eine engere Typisierung verwendet.
Interessant dabei: Jeder dieser vier grundlegenden Typen unterscheidet sich charakterlich deutlich vom jeweils anderen Typ! Damit hat auch jeder Hundehalter, der einem dieser vier Typen nahekommt, einen typenentsprechenden Einfluss auf das Verhalten seines Hundes. Ein Umstand, der sich mit einem sehr hohen Realitätsbezug in der praktischen Arbeit von Trainern widerspiegelt.

Trotz charakterlicher Unterschiede ihrer Hunde, verzeichnen manche Hundehalter kaum Verhaltensprobleme.

Choleriker: Er ist ein leicht erregbarer und häufig empfindlicher Mensch. Er kann emotional schnell „hochfahren", genauso schnell aber auch wieder „herunterfahren". Unter den Cholerikern befinden sich viele Personen des öffentlichen Lebens wie Komponisten, Schauspieler oder Politiker. Choleriker gelten häufig in unserer Gesellschaft völlig zu Recht als „schwierige" Menschen. Sie lassen sich schnell aus der Fassung bringen und neigen auch mal zu sogenannten Kontrollverlusten.

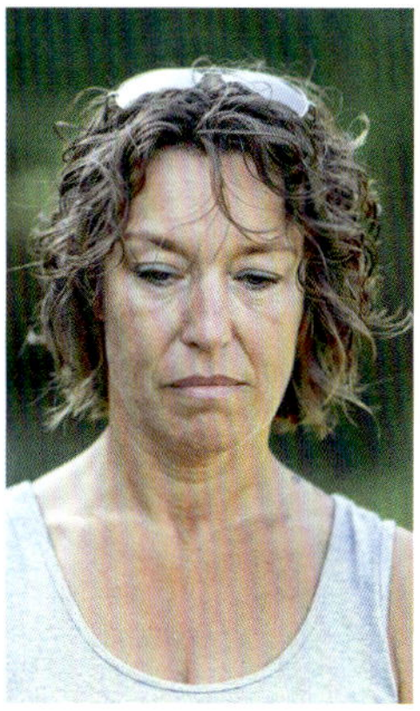

Melancholiker: Er ist einer, der sich selbst leidtut. Er empfindet sein Leben als bedrückend und belastend. Er findet in jeder positiven Nachricht negative Inhalte, misstraut als grundlegender Pessimist allem Neuen und kann auch bei Erfolgen in seinem Leben keine wirkliche Freude empfinden. Melancholisch strukturierte Menschen sind nur schwer zu motivieren und nehmen ihr eigenes Umfeld mit einer sehr ausgeprägten Skepsis wahr.

Sanguiniker: Er ist meist ausgeglichen, häufig hilfsbereit und hat einen geselligen, liebenswürdigen Charakter. In schwierigen Situationen bleibt er überwiegend ruhig und gelassen, er ist anpassungsfreudig und findet sich überall schnell zurecht. Sanguiniker zählen zu den Sympathieträgern in unserer Gesellschaft.

Phlegmatiker: Er ist ein sehr bequemer, unempfindlicher und eher träger Mensch. Er schätzt sein Leben über alles, ist aber wenig offen für Neues. Er nimmt häufig nicht wirklich am gesellschaftlichen Treiben teil, macht sein eigenes Ding und wirkt für Außenstehende oftmals gelangweilt. Dennoch ist er kein unzufriedener Zeitgenosse.

Ende des 20. Jahrhunderts wurde durch Wissenschaftler eine weitere Unterteilung dieser Typisierung vorgenommen, die letztlich in bis zu 16 Typen/Untertypen aufgesplittet wurde. Dies jedoch ist viel weniger interessant, als die Tatsache, dass allein schon die vier genannten Grundtypen eine enorme Bedeutung im Zusammenleben zwischen Mensch und Hund erhalten. Schauen wir nämlich genau hin, treten auch unsere Familienhunde vereinzelt als Choleriker, Sanguiniker, Melancholiker und Phlegmatiker auf.
Besonders problematisch erweist sich in der Analyse von und beim Umgang insbesondere mit schwierigen Hunden der Umstand, dass Mensch und Hund ein harmonisches Zusammenleben nicht wirklich schaffen, weil ihre grundlegenden Charaktereigenschaften zu sehr auf Kollision stehen.

Tendenziell problematische Konstellationen

Mensch melancholisch, Hund cholerisch:
Ein melancholisch strukturierter Mensch hat häufig enorme Probleme, seinen eher cholerisch veranlagten Vierbeiner „unter Kontrolle" zu bekommen. Der Vierbeiner kommt dabei erfahrungsgemäß mit seinem Zweibeiner aufgrund der Stimmungsübertragung nicht gut zurecht und der Zweibeiner zeigt sich über das Verhalten seines Vierbeiners „furchtbar enttäuscht".

Mensch cholerisch, Hund melancholisch:
Auch diese Konstellation einer Mensch-Hund-Beziehung passt nicht wirklich zusammen.
So stellt für einen melancholisch veranlagten Vierbeiner das immer wieder aufbrausende Verhalten des Zweibeiners oftmals eine soziale Belastung dar, die sich stressfördernd auswirken kann. Letztlich dürfte auch in solch einer Beziehung die Lebensqualität beider Parteien, Mensch und Hund, als wenig optimal gelten.

Mensch cholerisch, Hund cholerisch: Generell muss jede Partnerschaft, die sich aus zwei Individuen mit jeweils cholerischen Tendenzen bildet, als schwierig angesehen werden. Insbesondere beim Auftauchen von beziehungsbedingten „Streitigkeiten" fehlt hier häufig der so wichtige, deeskalierende Prozess. Wenn der Vierbeiner aufbrausend sein sollte, fällt es dem charakterlich ähnlich strukturierten Zweibeiner mehr als schwer, mit der nötigen Ruhe entgegenzuwirken. Umgekehrt selbstverständlich auch.

Mensch melancholisch, Hund melancholisch:
Eine situativ auftretende Traurigkeit oder Bestürztheit des einen Partners kann hier die Gemütslage des anderen Partners blitzschnell in ebenfalls negativer Weise beeinflussen. Das Thema „Stimmungsübertragungen" wirkt sich in diesem Zusammenhang besonders negativ aus. Es fehlt quasi der „Mutmacher", um aus einer miesen Gefühlswelt wieder herauszukommen.

Tendenziell vorteilhafte Konstellationen

Alle anderen Konstellationen in einer Mensch-Hund-Beziehung müssen als tendenziell vorteilhaft angesehen werden. Phlegmatiker und Sanguiniker können in Beziehungen mit Cholerikern oder mit Melancholikern einen guten emotionalen Ausgleich schaffen. Und dies weitestgehend unabhängig davon, ob der Mensch oder der Hund die jeweiligen Charaktereigenschaften vorweist.
In diesem Zusammenhang sollte auch jeder mit Menschen und Hunden arbeitende Hundetrainer seine eigenen charakterlichen Stärken und Schwächen gut kennen!
In unserer Arbeit mit Menschen und Hunden treffen wir nicht selten auf die Herausforderung, die aufgezeigten problematischen Konstellationen wahrnehmen zu müssen. Es gibt in diesem Zusammenhang Hundehalter, die von uns unglaublich „ausgebremst" werden müssen, damit sie nicht bei jeder kleinen vermeintlichen Verfehlung ihres Vierbeiners quasi an die Decke gehen, wie das bei cholerisch veranlagten Menschen nun mal schnell der Fall sein kann. Und es gibt im Gegenzug melancholisch geartete Hundehalter, die ganz besonders motiviert werden müssen, weil sie ansonsten in jedem noch so tollen Trainingserfolg nur ein zufälliges und sicher schnell vorübergehendes Geschehnis sehen. Hingegen gestaltet sich die Arbeit mit Menschen, die den Typen Sanguiniker und Phlegmatiker entsprechen, vergleichsweise einfach.

Erfolgreiche Hundetrainer setzen auf Verständnis, Empathie und soziale Motivation. Garantieversprechen auf ein erfolgreiches Training sind jedoch unseriös.

EINE 100%IGE ERFOLGSGARANTIE?

Häufig geistern werbewirksame Versprechungen in Sachen erfolgsorientiertem Hundetraining durch die Medien. Sie versprechen teilweise hohe Erfolgsgarantien, wenn es um Effektivität und Nachhaltigkeit beispielsweise von ganz bestimmten Erziehungsmethoden, Trainingsmodellen oder Bindungsübungen zum Hund geht. Auch prahlen verschiedene Hundeschulen, Verhaltensberater oder Hundeverhaltenstherapeuten mit 100%igen Erfolgsbilanzen.

Bitte seien Sie gerade bei derart hochprozentigen Versprechungen besonders skeptisch. Keine Methode, kein Modell, kein Hundetrainer kann eine gesicherte Erfolgsgarantie geben, ohne gleichzeitig als unseriös gelten zu müssen. Mensch und Hund sind jeweils einzigartige Individuen, die – wenn alles gut geht – wunderbar zusammenpassen können, oder auch nicht. Kein Hundetrainer dieser Welt ist in der Lage, jede als schwierig geltende Mensch-Hund-Beziehung wieder ins Lot zu bringen, wenn nicht in erster Linie der Mensch hinter dem Hund bereit ist, etwas zu verändern. Dabei ist nicht jeder Mensch in letzter Konsequenz bereit, etwas zu verändern, wenn ihm der Aufwand zu hoch erscheint. In manchen Situationen können aber auch irgendwelche neu angestrebten Lebens- und Haltungsbedingungen in der Umsetzung überhaupt nicht oder nur schwer verändert werden. Genau deshalb kann auch ein Erfolg versprechendes Trainingskonzept nie eins zu eins auf jede Mensch-Hund-Beziehung übertragen werden. Und nicht immer ist der Mensch hinter dem Hund verantwortlich, wenn der Vierbeiner im Alltag über die Stränge schlägt. Manch ein Vierbeiner ist – vereinzelt auch aufgrund züchterischer „Fehlleistungen“ – derart schwierig im Verhalten, dass auch unter optimalsten Haltungs- und Trainingsbedingungen nicht überwindbare Grenzen erreicht werden können.

Wem die Zufriedenheit seines Hundes am Herzen liegt, muss mit seinem sozialen Management dazu einen Beitrag leisten.

MEHR KRAFT FÜR NEUE AUFGABEN

Nicht selten fragen Hundehalter Hilfe suchend bei uns nach, was sie an sich selbst verändern bzw. verbessern können, um idealere Voraussetzungen für den künftigen Umgang mit ihren Vierbeinern zu erhalten. Zur Beantwortung dieser Frage nimmt man als Hundetrainer am besten den Fokus vom Hund komplett weg und versucht sich empathisch in die Persönlichkeit des Menschen hineinzuversetzen. Es ist dabei selbstverständlich, dass mutlose und niedergeschlagen wirkende Menschen motivierende Energien benötigen, um neue Kraft für neue Aufgaben zu tanken – so wie wir die Elemente der sogenannten positiven Verstärkung ja auch bei Hunden einsetzen. Hingegen sollten „überdreht" wirkende Menschen, bei denen möglicherweise übermütige oder auch cholerische Eigenschaften erkennbar werden, durch souveräne, dämpfende und damit hemmende Einflussnahme in ruhigere Fahrwasser gelenkt werden.

STRESS IN UNSERER GESELLSCHAFT

Jeder vierte Mensch leidet (!) unter Stress. Diese auf unseren Erfahrungswerten beruhende Einschätzung wird übrigens mittlerweile durch zahlreiche wissenschaftliche Studien gestützt. Man könnte auch sagen, jeder vierte Hundehalter in unserer Gesellschaft leidet unter Stress, denn Hundehalter sind in der Regel nebenbei noch ganz normale Menschen.

In diesem Zusammenhang berichtete beispielsweise im April 2019 Spiegel Online über eine Studie, die der bayerische Versicherer Swiss Life in Auftrag gegeben hatte. Eine der wesentlichen Kernaussagen dieser Studie: **Mehr als ein Drittel aller Arbeitnehmer (37 Prozent), die vorzeitig aus dem Beruf ausscheiden, tut dies, weil eine psychische Krankheit wie Burn-out, Depression oder Angststörung diagnostiziert worden ist.** Im Jahr 2009 waren es 26,6 Prozent – das ist ein Anstieg von knapp 40 Prozent.

Für die Studie haben die Wissenschaftler Daten der eigenen Kunden ausgewertet. Frauen sind demnach häufiger betroffen als Männer: Knapp die Hälfte (44 Prozent) aller Frauen sind wegen einer psychischen Erkrankung berufsunfähig. Bei Männern sind es lediglich 28 Prozent. Unsere Anmerkung dazu: Die häufigsten Ursachen für psychische Erkrankungen sind unter dem Begriff Stress zu finden.

AUSWIRKUNGEN AUF DEN HUND

Wie schwierig es damit im übertragenen Sinne für jeden vierten Hund ist, sich an das Verhalten seines gestressten Zweibeiners optimal anzupassen, liegt auf der Hand. Sehr verhaltensstabile Vierbeiner können die mögliche, sozial-emotionale Schieflage ihrer Menschen noch ganz gut kompensieren, doch eher sensible Hunde können das nicht mehr so einfach. Menschen, die unter psychischen Aspekten in eine Schieflage geraten, berühren damit natürlich auch ihr unmittelbares, soziales Umfeld, auch wenn sie das gar nicht wollen.

Im Rückblick auf unseren langjährigen Umgang mit Hundehaltern sehen wir viele Menschen, denen wir Mut zusprechen, die wir mental aufrichten mussten und in vielen Fällen auch erfolgreich mit neuen Energien bereichern konnten. Wir sehen dabei auch viele Zweibeiner, die nicht mehr in der Lage waren, an sich selbst zu denken, weil sie all ihre Kraft und Energie in die Aufgabe investiert hatten, ihrem Hund das Beste, nein das Allerbeste zuteilwerden zu lassen. Wie aber soll einem Hund Lebensqualität vermittelt werden, wenn man selbst zu wenig davon besitzt? *„Bitte denke nicht nur an Deinen Hund, denke auch an Dich. Denn nur, wer mit sich selbst zufrieden sein kann, ist in der Lage, Zufriedenheit beim Vierbeiner zu erreichen.“* Diesen oder ähnlich lautende Sätze haben schon viele Hundehalter von uns zu hören bekommen. Es ist einfach unglaublich, was Menschen in das Leben ihrer Vierbeiner investieren und sich dabei selbst verlieren.

Genauso mussten wir aber schon vielfach Menschen mehr oder weniger energisch ins Gewissen reden. Menschen, denen gar nicht bewusst war, dass ihr Hund kein maschinengleiches, funktionales Wesen ist, sondern ein anspruchsvoller, intelligenter und sensibler Sozialpartner. In fast allen Fällen unserer verhaltenstherapeutischen Arbeit mit Mensch-Hund-Teams bekommen Hundehalter auch hilfreiche Tipps, was sie für sich selbst tun können, um eine bessere Ausgangsposition für Verhaltensveränderungen am Hund zu erhalten. Ja, sie bekommen individuell ausgerichtete Tipps, aber niemals Patentrezepte. Wir wollen abschließend noch acht unserer häufigsten Tipps und Ratschläge für besonders gestresste Hundehalter hier in komprimierter Form vorstellen.

8 TIPPS FÜR EIN STRESSREDUZIERTERES LEBEN

1. Digital Detox (digitale Entgiftung) beginnt beispielsweise mit einer durch den Betroffenen selbst festzulegenden Auszeit bei der Nutzung digitaler Medien. So ist z. B. unser Smartphone bekanntermaßen stressfördernd und es bedarf keiner Studie, die diesen Umstand bestätigt, weil jeder von uns dieses Phänomen in seinem persönlichen Umfeld täglich wahrnehmen kann – und häufig selbst davon betroffen ist. Dazu ein Beispiel: Im Seminarraum einer Ausbildungsstätte stehen 20 Stühle an mehreren Tischen. Sind alle Stühle durch Seminarteilnehmer besetzt, liegen zum Seminarbeginn durchschnittlich zwischen zwei und drei Smartphones – mit dem Display nach oben zeigend – auf dem Tisch. Der Dozent betritt den Raum und zählt zwölf offen liegende Smartphones. Als Verfechter von „Digital Detox" fordert er die Seminarteilnehmer auf, ihre Smartphones während des Unterrichts nicht mehr auf den Tisch zu legen. Jeder kann sich nun vorstellen, was die erste Handlung vieler Zweibeiner ist, wenn dieser Dozent das Wort „Pause" in den Mund nimmt. Klar, zuckende Hände mit schnellen Griffen in die Taschen. Vielen ist überhaupt nicht bewusst, was die digitale „Sucht" mittel- und langfristig mit einem Menschen anstellt. Unser Fokus richtet sich mittlerweile extrem auf die digitale Kommunikation. Unsere Sinne werden durch häufige Wiederholungshandlungen dafür geschärft. Die Konzentration, in Verbindung mit Erwartungshaltung, lässt die tatsächliche soziale Umgebung nebulös bzw. nicht so relevant erscheinen. Wir stehen ständig unter „Strom", weil wir befürchten, eine Nachricht oder Neuigkeit zu verpassen. Wir unterliegen dem Zwang, ständig „online" sein zu müssen, weil wir befürchten, „offline" in Vergessenheit zu geraten. Doch es entstehen mittel- und langfristig Zwänge, die nicht zu einer für die meisten Menschen so wichtigen Entschleunigung beitragen können. Das Gegenteil ist der Fall, wir werden stattdessen „beschleunigt". Einer unserer Kunden erzählte, dass er eines Tages in einem kleinen Städtchen mit einer Autopanne liegen geblieben war. Er hatte kein Handy dabei und ging deshalb zur nächstliegenden Tankstelle. Dort bat er darum, seine Werkstatt anrufen zu können. Er wies darauf hin, dass er ohne Handy unterwegs sei. Neben ihm stand ein älterer Herr, der ihn verwundert mit folgenden Worten ansprach: „Was, Sie haben kein Handy dabei? Darf ich ein Foto von Ihnen machen?" Klar mussten nun alle Anwesenden lachen, dabei war dieser erheiternde Scherz auch mit einer bitteren Wahrheit versehen. Es sollte uns gelingen, täglich ganz bewusst ein oder auch zwei Zeitfenster von jeweils mehreren Stunden einzuplanen, die eine digitale Auszeit beinhalten. Dies vor allem in unserer Freizeit. Ein erster von weiteren möglichen Schritten, um letztendlich stressreduzierter und damit entspannter und zufriedener leben zu können. Dabei muss dieser Schritt häufig regelrecht erkämpft werden, da ja mittlerweile auch unser persönliches Umfeld davon ausgeht, dass wir ständig, bzw. rund um die Uhr, für andere zur Verfügung stehen.

Wer anderen wirklich Gutes tun möchte, muss zunächst bei sich selbst beginnen. Sonst wird sein Vorhaben keine Früchte tragen können.

Eine häufig anzutreffende Situation: Der Mensch ist mit seinem Smartphone beschäftigt und bemerkt die Kontaktaufnahme seines Hundes nicht. Irgendwann wird der Hund diese dann einstellen.

2. „Anruf aus Amerika": Auszeiten nehmen und Nein-Sagen-Lernen. Wir können das Leben unserer Mitmenschen – und auch unserer Hunde – nur dann positiv (mit-)gestalten, wenn wir unsere eigene Lebensqualität als mindestens zufriedenstellend einschätzen. Unzufriedene Menschen übertragen generell negative Stimmungen auf ihr soziales Umfeld. Damit sollte sich jeder Mensch verpflichtet sehen, sich selbst nicht zu sehr zu vernachlässigen. Kein Mensch kann mittel- und langfristig gesund leben, wenn er sich für andere aufreibt und dabei selbst auf der Strecke bleibt. Ein Hundehalter muss sich darüber im Klaren werden, dass nicht der eigene Vierbeiner an erster Stelle stehen darf, sondern er selbst. Das hat auch nichts mit Egoismus zu tun, sondern ist die Grundlage dafür, einen glücklichen Hund an seiner Seite zu haben. Kein Hund hat Lebensqualität, wenn der Mensch an seiner Seite keine Lebensqualität besitzt!

3. Ein klares „Nein!" Es klingt unglaublich, aber ein „Nein" auszusprechen, wenn andere Menschen uns um etwas bitten, gehört zu den schwierigsten Aufgaben, mit denen wir uns in unserem Leben zu befassen haben. Die Gründe, auf das „Nein" zu verzichten, sind recht banal: Wer „Nein" sagt, muss damit rechnen, nicht mehr in ausreichender Weise gemocht zu werden. Ein grundsätzlich schlimmer Gedanke! Wer „Nein" sagt, muss aber noch weitere Konsequenzen befürchten. Dazu zählen die Angst vor Konflikten, vor Vorhaltungen, Missstimmungen, soziale Distanzierung oder auch negativen Retourkutschen. Unter Umständen sieht man sich den Vorwürfen von Egoismus, Gefühlskälte und Herzlosigkeit ausgesetzt. Ein ausgesprochenes „Nein" kann somit in der Tat Folgen nach sich ziehen, die mit gewissen Nachteilen verbunden sind. Klar muss in diesem Zusammenhang sein, dass bei einem ständigen bzw. prinzipiellen „Nein" zumindest ein Teil der angeführten negativen Folgen für den notorischen „Nein-Sager" auch eintreffen dürften.
Ein ganz anderer Aspekt wird bei einer ausgewogenen, selektiven Verwendung von „Nein" auftreten. Das selektive „Nein" wird mittel- und langfristig zu einer Erhöhung der persönlichen Lebensqualität des „Nein-Sagers" führen, der ja schließlich nicht immer „Nein" sagt. Wer hingegen von einem „Nein" aus Angst vor Konsequenzen generell absieht und somit ausnahmslos oder deutlich überwiegend mit „Ja" antwortet, muss – ebenfalls mittel- und langfristig – mit einer Verschlechterung seiner Lebensqualität rechnen. Wenn somit immer „Ja" genauso kritisch zu sehen ist wie immer „Nein", stellt sich nun die Frage, wie sich über ein selektives „Nein" die Lebensqualität optimieren lässt. Dazu gibt es ein paar gute Tipps:

Man muss nicht immer Hundekontakte zulassen, …

— Erst nachdenken! Beides, ein „Ja" und auch ein „Nein" sollte zunächst gedanklich abgewogen werden. Was muss ich bei einem „Ja" in Kauf nehmen? Welchen „Preis" (zeitlich, materiell, finanziell, sozial) muss ich dabei investieren? Welche Nachteile oder auch Vorteile – gleich welcher Art – können auf mich zukommen? Nach einem kurzen Abwägen kann schließlich die Entscheidung getroffen werden.
— Wer bittet mich gerade um einen Gefallen? Wie gut kenne ich die Person? Was bedeutet mir die Person?
— Ist ein „Ja" mit zusätzlichem Stress für mich verbunden? Habe ich die Zeit, Kraft, Lust und Energie, die vorliegende Bitte zu erfüllen?
— Kann ich ein „Ja" mit einer Gegenleistung verbinden („okay, mache ich, aber dafür …")
— Die Hintergründe beachten! Welches konkrete Ziel steht hinter der Bitte? Wie wird die Bitte formuliert? Wird dabei Druck auf mich ausgeübt? Werden bestimmte Strategien ausgewählt (Schmeicheleien, Erwecken von Schuldgefühlen, Überrumpelungen, Mitleid)?

— Die Entscheidung verschieben! „Ich muss mal schauen, ob ich das zeitlich noch irgendwie unterbringen kann“ ist eine höfliche Form, die eine Entscheidung offen lässt. Damit kann es im Einzelfall auch noch ein „Vielleicht“ geben. Das bedeutet Zeitgewinn, was bei einer spontanen Festlegung auf „Ja“ oder „Nein“ nicht gegeben ist. Ein weiterer Vorteil: Bei einer nachfolgenden Entscheidung zu einem „Nein“ kann eine meist klügere Begründung präsentiert werden als bei einem spontanen „Nein“.
— Ein klares „Nein“ sollte immer wohlwollend begründet werden! „Ich würde das ja gern für Dich machen, aber ich schaffe das beim besten Willen nicht, weil ...“.

Die pauschalen „Ja“- oder auch „Nein-Sager“ haben im Leben deutliche Nachteile gegenüber den selektiven „Ja“- oder auch „Nein-Sagern“.

Jemandem einen Gefallen zu tun, kann positive Gefühle in einem selbst auslösen. So empfinden wir möglicherweise Freude, für einen anderen Menschen etwas zu tun. Genauso kann aber die Zustimmung zu einer geäußerten Bitte ein negatives Gefühl in einem selbst auslösen. Wer ohnehin das Gefühl haben sollte, viel zu viel Stress erleiden zu müssen, muss (!) unbedingt beginnen, das „Nein“ zu üben. Denn der gestresste Mensch erhöht durch jedes einzelne „Ja“ sein Stressvolumen und darf sich nicht wundern, wenn er sich selbst irgendwann verliert. Um für andere Menschen wichtig zu sein und auch wichtig zu bleiben, muss man in erster Linie sich selbst wichtig nehmen. Das hat nichts mit Egoismus, sondern mit der Wertschätzung seiner selbst zu tun. Die Person, die man täglich im Spiegel sieht, geht in Sachen körperlicher und geistiger Gesundheit allem anderen vor.

... nur weil das andere Hundehalter möchten. Jeder hat das Recht, „Nein“ zu sagen und seinen Hund zu schützen.

Noch immer werden sie unterschätzt: …

… kraft- und energiespendende Atemübungen.

4. Atempausen: Die Kraft des Atmens wird gerade in der Therapie und in der Medizin neu entdeckt. Bestimmte Atemübungen sind für Körper und Geist gesund, heilsam, stresslindernd und antidepressiv. Allerdings können Atemübungen nur dann eine Wirkung erzielen, wenn wir auf unsere Atmung während der Übung ganz bewusst achten und sie damit auch wahrnehmen. Atem kann ja als elementare Lebensenergie verstanden werden, nur sollte man die Atmung auch so einsetzen können, dass ein erkennbares Gefühl von Entspannung wahrnehmbar wird. Bei einem gezielt tiefen Durchatmen verlangsamt sich der Herzschlag und der Blutdruck wird gesenkt. Vor allem Ängste bis hin zu Depressionen lassen sich nachweislich durch bewusstes Atmen in ihren Auswirkungen reduzieren. Wir atmen ja sowieso

ATEMÜBUNG

Sie setzen sich möglichst entspannt auf einen Stuhl und legen Ihre beiden Hände mit dem Handrücken locker auf die Oberschenkel. Jetzt atmen Sie bewusst langsam und tief ein, wobei Sie beim Einatmen beide Hände zur Faust zusammenziehen. Mit dem wiederum langsamen und tiefen Ausatmen öffnen Sie die Fäuste wieder, bis die offenen Hände wieder locker auf den Oberschenkeln liegen. Nach dem bewussten Ausatmen achten Sie darauf, dass es keinerlei körperliche Anspannungen mehr gibt. Anschließend wird diese Übung über einen Gesamtzeitraum von 5 bis 10 Minuten mehrmals wiederholt (nach Schlaffhorst-Andersen).

ständig, könnte man jetzt entgegenhalten, was soll dann ein bewusstes Atmen verändern? Der Unterschied ist schnell erklärt: Das ständige, unbewusste, automatisierte Atmen wird durch das vegetative Nervensystem gesteuert. Das bedeutet, das „normale" Atmen orientiert sich an unserer Stimmung. So wie wir uns fühlen, atmen wir – und zwar automatisch. Bei einem bewussten Atmen hebeln wir die vegetative Vorgabe unseres Nervensystems aus. Sind wir beispielsweise gestresst oder innerlich unruhig, atmen wir nach automatisierter Vorgabe flach, schnell und vergleichsweise hektisch. Unser Atem reflektiert unser Empfinden. Mit bewussten Atemübungen hebeln wir diesen Automatismus aus. Obwohl wir gestresst und innerlich unruhig sind, atmen wir nun bewusst in tiefen und langen Zügen. Damit beeinflussen unsere Gefühle nicht mehr die Atmung, sondern umgekehrt: Die Atmung beeinflusst nun als Gegenspieler unsere Gefühlswelt – und das kann eine enorme Wirkung nach sich ziehen. Es gibt übrigens eine effektive Atem-Übung für Anfänger, die jedem gestressten Menschen zu mehr Entspannung und innerer Ruhe verhelfen kann. Diese Übung mit dreiteiligem Rhythmus (Einatmen – Ausatmen – Lösen) folgt dem Konzept Schlaffhorst-Andersen und zählt wohl zu den bekanntesten „einfachen" Atemübungen (siehe Kasten).
Idealerweise nimmt man sich für bewusste Atemübungen zwei- bis dreimal täglich ein paar Minuten Zeit. Vor allem bei regelmäßigem Üben treten mittel- und langfristig positive Veränderungen (Entspannung) im Organismus des Menschen mehr als wahrscheinlich in Erscheinung.

5. Meditation: Dass die regelmäßige Meditation auf einen Menschen enorme positive Auswirkungen haben kann, bestreitet mittlerweile kaum noch jemand. Es gibt zur Wirkung der Meditation auch zahlreiche Studien, deren Ergebnisse diese Wirksamkeit belegen. Dabei kann unter anderem eine Studie der Harvard Medical School (Sara Lazar) in Boston angeführt werden. Darin wurde festgestellt, dass regelmäßige Meditation die Gehirnstruktur verändert. Der Mensch wird so

Insbesondere die Meditation gilt als erwiesener Stressgegner.

widerstandsfähiger gegenüber Stress und anderen Menschen gegenüber empathischer und toleranter. Das alles sind wichtige Eigenschaften, mit denen wir unser Leben zweifelsfrei bereichern können. Bei der Meditation gibt es eine Unterteilung in zwei Kategorien (passive und aktive Meditation), die wiederum verschiedene Unterformen dieser Entspannungstechniken aufweisen. Auch die in Deutschland mittlerweile bekannten fernöstlichen Entspannungstechniken Tai-Chi und Qigong zählen zu den aktiven Meditationsformen. Alle haben dasselbe Ziel: „Abschalten und Loslassen"! Die Gedanken aus der typischen Alltagsebene bewusst auf eine Ebene der inneren Ruhe und Gelassenheit lenken. Mit etwas Übung sind schon recht schnell Erfolge möglich, allerdings raten wir allen Anfängern, den Start in die Meditation

Kleine Augenblicke der Stille, in verträumter Umgebung, bewusst suchen und genießen.

nicht allein, sondern unter kompetenter Anleitung zu beginnen. Denn der schwierige erste Schritt in die Meditation ist der gelingende Ausbruch aus dem Gedankenkarussell alltäglicher Wahrnehmungen, die unser Leben belasten. Das gelingt vielen Menschen ohne fremde Hilfe nicht.

6. Allgemeine Achtsamkeit: ein schlichter Begriff mit enormer Bedeutung und zunehmender gesellschaftlicher Beachtung. Achtsamkeit ist die Fähigkeit des menschlichen Bewusstseins, sich auf den Augenblick und damit auf die Gegenwart zu fokussieren. Das Genießen des Moments, in dem man sich gerade befindet! Nur wenige Menschen sind in der Lage, Achtsamkeit tatsächlich auch bewusst zu leben. Stattdessen kreisen die Gedanken des scheinbar so modernen Menschen meist um die Vergangenheit oder auch um die Zukunft. Dabei wird das so wichtige Hier und Jetzt nebensächlich oder sogar ausgeblendet. Ein gutes Beispiel ist der gedankenverlorene Mensch, der sich beim abendlichen Spaziergang mit seinem Vierbeiner mit den Geschehnissen des zurückliegenden Tages befasst. Auszugsweise: *„War es vielleicht gar nicht so gut, meinem Mitarbeiter im Büro mal richtig die Meinung zu sagen? Hat mein Vorgesetzter meine Arbeit zu wenig geschätzt und mich deshalb nicht für die Beförderung vorgesehen?"* Alles Dinge, die den Hundehalter beim Spaziergang rückblendend beschäftigen. Doch dann folgen die Gedanken an den morgigen Tag: *„Soll ich vielleicht doch besser von der neuen Gleitzeitregelung im Betrieb Gebrauch machen? Und vielleicht sogar statt dem Auto künftig die Bahn benutzen, um einen Beitrag zum Klimaschutz zu leisten?"* Gedanken an gestern und Gedanken an morgen, gespickt mit Sorgen und Befürchtungen. Zu Hause angekommen, wird der Zweibeiner von einem Familienmitglied gefragt, ob der Vierbeiner auf dem Spaziergang sein „großes Geschäft" gemacht hat. Die Antwort könnte jetzt in einer Notlüge mit Ja oder mit Nein beantwortet werden, denn die Frage kann er real nicht beantworten, weil er es einfach nicht mitbekommen hat. Der Spaziergang war letztlich ein automatisierter Ab-

Achtsamkeit bedeutet, sich einmal auf die Gegenwart zu fokussieren und aus der Gedankenwelt von Vergangenheit und Zukunft auszubrechen.

lauf, zu dem letztlich jede Erinnerung fehlt, weil die Vergangenheit und die Zukunft den Menschen gefangen genommen und damit den Fokus auf die Gegenwart blockiert hatte. Wir alle leiden hin und wieder unter dem Aspekt der fehlenden Achtsamkeit, doch auch hier können wir Abhilfe schaffen und damit auch Gutes für uns selbst tun. Einfach immer mal wieder aus der Gedankenwelt von Vergangenheit oder Zukunft ausbrechen, und wenn es nur für wenige Minuten ist. Früher oder später werden wir dann eine wohltuende Wirkung erleben.

Begleiten wir einfach einmal gedanklich den Hundehalter bei einem kurzen Spaziergang (bewusst ganz ohne Hund) und halten plötzlich an, weil wir am Wegrand einen kleinen Stein mit einer auffällig flachen, rechteckigen Form sowie unterschiedlichen Hell-Dunkel-Schattierungen auf der Oberfläche sehen. Wir nehmen den Stein in die Hand und erkennen bei näherem Hinsehen und mit etwas Fantasie die Umrisse eines kleinen, fliegenden Vogels. Was sich wohl die Natur dabei gedacht hat, fragen wir uns. In diesen wenigen Minuten sind unsere Gedanken im Hier und Jetzt. Wir grenzen Vergangenheit und Zukunft aus, gleichbedeutend mit der Aussage, dass wir in diesen Momenten der Achtsamkeit auch gedanklich nicht mit Sorgen belastet werden. Der Stein hat etwas Besonderes zu erkennen gegeben. Wahrgenommen haben wir das mit unseren Augen. Wenn wir daraufhin mit den Fingern die Oberfläche des Steins Stück für Stück ertasten, sehen wir ihn nicht nur, wir (er)fühlen auch dessen Struktur, die kalt oder warm und rau, glatt oder wellig empfunden werden kann. Dieses Gefühl können wir dann mit unseren eigenen Worten beschreiben. Manchmal kann auch das Gefühl des Ertastens mit geschlossenen Augen noch intensiver wahrgenommen werden. Und wenn wir die Augen ohnehin schon geschlossen haben, können wir über unsere Nase die Umgebungsgerüche, wie beispielsweise Düfte der sich um uns befindlichen Vegetation, wahrnehmen und dadurch erneut Empfindungen erleben. So lässt sich später auch der eigene Hund und seine Anwesenheit viel intensiver und noch viel eindrucksvoller wahrnehmen und beobachten. Das Schöne an Achtsamkeitsübungen ist, man kann sofort damit beginnen!

Die besondere Achtsamkeit gilt als Gegenspieler von nervigen Gedankenkarussellen.

Vertraute Zweisamkeit zwischen Mensch und Hund schafft eine Verbindung, …

7. Besondere Achtsamkeit: Lassen wir den beispielhaft verwendeten Stein einfach mal liegen und lenken unsere Achtsamkeit auf unseren Vierbeiner. Ihn haben wir jeden Tag an unserer Seite und auch er bietet uns häufige Gelegenheit, Achtsamkeit zu üben. Wir sehen, fühlen, hören und riechen unseren Hund häufig, nehmen ihn aber oft gedankenverloren zu wenig wahr. Wenn wir uns einfach mal im häuslichen Bereich fünf Minuten Zeit für unseren Vierbeiner nehmen und uns jeden Augenblick, den wir dabei erleben, bewusst machen, kann sich daraus eine emotionalintensive Zweisamkeit ergeben. Die meisten Hunde genießen die Nähe zu ihren Menschen, betrachten ruhige, sanfte Streicheleinheiten als enorm wohltuend und entspannend. Sie hören auch sehr gern die Stimme des Zweibeiners, sofern sie Ruhe und Entschleunigung vermitteln kann. Auch suchen viele Hunde häufig den Blickkontakt zu ihrem Menschen und erwarten dabei in sozialer Zweisamkeit dessen zustimmende, freundliche und entspannte Mimik. Was für ein Fehler, wenn wir hinter jedem Blickkontakt unseres Vierbeiners die Absichtserklärung zum Erhalt von Leckerli oder Spielzug vermuten! Diese Denkweise ist primitiv und wird den sozialen und emotionalen Fähigkeiten und Bedürfnissen unserer Hunde nicht gerecht. Eine schöne Achtsamkeitsübung mit dem eigenen Hund kann auch so gestaltet werden, dass man die Augen komplett schließt und lediglich über ruhige taktile Wahrnehmung (sanftes Streicheln) versucht, den emotionalen Zustand bzw. die Gefühlswelt des Hundes zu ergründen. Welche Gedanken gehen einem dabei durch den Kopf? Welche Empfindungen hat man dabei? Es ist enorm, welche intensiven Wahrnehmungen auf einmal zutage treten. Vor allem positive Wahrnehmungen, die man im meist hektischen Alltagsleben so nicht zu spüren bekommt.

8. Die eigenen Gedanken manipulieren! *„Unser Leben ist das, wozu unsere Gedanken es machen"* (Dale Carnegie, Bestsellerautor – Sorge dich nicht, lebe). In diesem Satz steckt die Wahrheit zur Ursache ständiger Sorgen und Nöte, die das Leben so vieler Menschen belastet. Zwei Menschen in ein und derselben schlimmen Situation können durch ihr Denken zu einem völlig unterschied-

... die (auch unter Ablenkung) eine gegenseitige Verlässlichkeit beinhalten sollte.

lichen Ergebnis kommen. Dazu noch einmal Dale Carnegie: *„Zwei Gefangene sitzen gemeinsam in ihrer Zelle und schauen durch das vergitterte Fenster in die Ferne. Der eine sieht den Schmutz, der andere die Sterne."* Wenn wir es in diesem Zusammenhang beispielsweise einmal geschafft haben, Menschen, die schlecht über uns reden, höchstens zu bemitleiden und keinesfalls zu verachten oder gar zu hassen, sind wir auf einem guten Weg, unserem eigenen Leben deutlich mehr Zufriedenheit und damit mehr Sinn zu verleihen. Spätestens dann hören wir auch auf, über die sozialen Medien andere Menschen öffentlich zu verunglimpfen und sie bewusst mit hasserfüllten Kommentaren in ein schlechtes Licht zu rücken. Wir beurteilen ohnehin nicht in erster Linie die gegebene Realität, sondern unsere Bewertung der Realität. Und diese Bewertung kann zu sehr unterschiedlichen Ergebnissen führen. Wenn wir allein an aktuelle klimapolitische Entscheidungen denken, dann besteht eine gegebene Realität darin, dass in vielen Teilen dieser Welt eine Absenkung der CO_2-Belastung angestrebt wird. Beurteilt wird diese Realität aber sehr unterschiedlich: Die einen sind überzeugt, dass sich damit das Klima auf unserem Planeten wieder stabilisieren kann. Die anderen vertreten die Überzeugung, dass mit einer Senkung von CO_2 der Klimawandel nicht beeinflusst werden kann und wir stattdessen in ein ökonomisches Desaster schlittern. Die gegebene Realität steht fest, die Bewertung dieser Realität könnte unterschiedlicher kaum sein. So läuft es mit sehr vielen Dingen in unserem Leben.

Es war uns ein besonderes Anliegen, mit diesem ersten Kapitel den Hund einmal zur Seite zu nehmen und die so wichtige und verantwortungsvolle Schlüsselposition des Menschen für das Lebensglück seines Vierbeiners in den Vordergrund zu rücken.
Ganz gleich, wie wir uns auch bemühen, kein Mensch – und damit auch kein Hundetrainer dieser Welt – kann einem gestressten Hund Lebensqualität durch Entschleunigung vermitteln, wenn er für sich selbst noch keine Möglichkeiten gefunden hat, mittels entspannter Ruhe und Gelassenheit den Strapazen des Alltags entschleunigt entgegenzutreten.

HALLO LIEBLINGSHUND!

— *Wer bist Du eigentlich?*

Mensch und Hund! Zwei grundlegend unterschiedliche Spezies, in Tausenden von Jahren eng zusammengewachsen.

DOMESTIKATION – ENTWICKLUNGSSTUFE ZUM FAMILIENHUND

Nachdem sich der Mensch bereits vor vielen Tausend Jahren für ein zumindest mittelbares Zusammenleben mit den Vorfahren unserer Familienhunde entschlossen hatte, wird heute kaum noch darüber diskutiert, welchen konkreten Auslöser es dafür gab. Es ist mehr als naheliegend, dass zur damaligen Zeit wohl der gegenseitige Nutzen bei der Nahrungssuche und damit bei der Jagd ein vorherrschender Antrieb gewesen sein dürfte. Diskutiert wird aber auch, ob es spirituelle Hintergründe gegeben haben könnte, da die Menschen der damaligen Zeit nach Vermutungen einiger Forscher auch an die Beseeltheit anderer Lebewesen in ihrem Umfeld geglaubt hatten. Diese Diskussion dürfte wohl abschließend nie geklärt werden können. Die spirituelle These ist weder nachweisbar, noch kann sie widerlegt werden. Wobei wir allerdings mit der althergebrachten Aussage, der Hund würde unmittelbar vom Wolf abstammen, sehr skeptisch umgehen sollten. Unsere heutigen Hunde unterscheiden sich, zumindest genetisch, ganz erheblich von Wölfen. Der Verhaltensforscher und -biologe der Universität Wien, Professor Kurt Kotrschal, geht in seinem Buch – Mensch & Hund – davon aus, dass sich Wolfs- und Hundegenome bereits vor 35 000 Jahren getrennt haben.

AM ANFANG WAR DER WOLF!?

Es gibt aber auch Aussagen, die in eine andere Richtung lenken. Dass wir in der Ahnenforschung des Hundes noch immer den Wolf quasi als Urvater unserer Familienhunde bezeichnen, ist demnach nur noch hypothetisch und somit nicht zweifelsfrei belegt. Zu wenig wissen wir über mögliche Koexistenzen wolfsähnlicher Geschöpfe, die vor vielen Tausend Jahren möglicherweise auf dem Planet Erde heimisch waren. Was hingegen als wahrscheinlich gilt, ist der Umstand, dass die Domestikation und somit die „Haustierwerdung" des Hundes (nicht des Wolfes) vor ungefähr 17 000 Jahren in Südostasien stattgefunden hat.

FUNKTIONALE VERBUNDENHEIT

Mit dem Begriff Domestikation ist die „Haustierwerdung" des Hundes gemeint. In der ersten Zeit der Domestikation dürften Hund und Mensch zwar näher zusammengerückt sein, allerdings waren diese beiden grundlegend sehr verschiedenen „Säugetier-Arten" wohl kaum emotional, sondern vielmehr funktional verbunden. Beide Spezies hatten quasi einen gegenseitigen Nutzen, der wohl insbesondere mit dem Nahrungserwerb in Verbindung gebracht werden kann. Unter diesen Umständen hatte der damalige Weggefährte des Menschen noch lange nicht den Status des heutigen Familienhundes. Es dürfte wohl in erster Linie der enorm hohen Anpassungsfähigkeit des Hundes an den Menschen – und nicht umgekehrt – zu verdanken sein, dass aus einem ursprünglichen Nebeneinander zunehmend ein Miteinander entstanden ist. Dieses Miteinander verknüpfte in einem zeitlich nicht genau definierbaren Prozess die jeweiligen sozialen und damit auch emotionalen Strukturen zweier grundlegend unterschiedlicher Lebewesen. **Mensch und Hund kamen sich quasi auch auf emotionaler Ebene zunehmend näher.** Damit muss klar werden, dass die Domestikation lediglich eine Vorstufe bzw. eine Entwicklungsstufe zum heutigen Familienhund gewesen ist.

Interessant ist in diesem Zusammenhang, dass der Mensch in seiner Entwicklungsgeschichte bis in die heutige Zeit zahlreiche ursprünglich wild lebende Säugetiere domestiziert hat. So gelten auch Pferd, Katze, Schwein, Rind, Schaf, Ziege, Meerschweinchen, Hamster und weitere Säugetiervertreter als domestizierte Haustiere. Sie alle stammen von wild lebenden Vorfahren ab. Und damit wird auch klar, dass im Zusammenleben zwischen Mensch und Hund mehr passiert sein muss als eine bloße Domestikation. Kaum ein anderes Tier auf dieser Erde scheint dem Menschen auf emotionaler bzw. sozialer Ebene so nahezustehen, wie der Hund. Während im Vergleich zum Familienhund die Hauskatze ihre naturgegebene Ursprünglichkeit bis heute nicht wirklich abgelegt hat, ist der Hund mittlerweile emotional so nahe an den Menschen gerückt, dass sich selbst für die Wissenschaft die Frage ergeben kann, inwieweit der Familienhund von heute überhaupt noch vollumfänglich der Spezies Tier zugeordnet werden kann.

UNTERSCHIED ZWISCHEN MENSCH UND TIER

Die Internet-Plattform „Focus Online“ veröffentlicht am 10.09.2018 eine Gegenüberstellung der beiden Spezies Mensch und Tier. Dabei kommen die Autoren zu folgendem Fazit: *„Der größte Unterschied zum Tier besteht jedoch in der Fähigkeit des menschlichen Geistes; der Mensch ist in der Lage, kausale Zusammenhänge zu erkennen, Werkzeuge zu erschaffen und nach ethisch-moralischen Prinzipien zu handeln. Selbstreflexion, Antizipation, Konzeptionen sowie vielfältige Kommunikation (auch Dokumentation) erlauben dem Menschen weit mehr als allen anderen Tieren die Selbststeuerung seines Schicksals und die rasche Änderung seiner Lebensweise. Der menschliche Geist ist das hauptsächliche Unterscheidungskriterium von den übrigen hoch entwickelten Tieren.“*
Greifen wir all diese Begrifflichkeiten auf und übertragen sie auf den Hund, werden wir schnell feststellen, dass unsere Vierbeiner in erster Linie noch immer als „Tiere“ gelten müssen. Betrachten wir allerdings drei Begriffe etwas näher, stellen wir doch fest, dass sich der Hund tatsächlich dem geistigen Leistungsvermögen des Menschen zumindest annähern konnte: **Antizipation** (Erwartung, Vorhersehbarkeit von Ereignissen, die noch nicht eingetreten sind), **Konzeptionen** (Erarbeiten von Strategien) sowie **vielfältige Kommunikation** (sozialkompetenter Informationsaustausch nach dem Sender-Empfänger-Prinzip – auch dem Menschen gegenüber). Kein weiteres Tier auf unserer Erde weiß so viel über den Menschen, wie unser Hund! Und kein weiteres Tier ist in der Lage, eine derart intelligente, emotionale Verbindung mit dem Menschen einzugehen.

Zwei äußerlich völlig unterschiedliche Lebewesen, die jedoch „im sozialen Grundmodell nahezu identisch sind“.

Insbesondere scheinen dabei die emotionalen Bedürfnisse auf einer vergleichbaren Ebene zu verlaufen.

„DER HUND IST WEDER MENSCH NOCH TIER"

So ist es erneut der bereits erwähnte Verhaltensforscher Professor Kurt Kotrschal, der bei seinen Vorträgen immer wieder darauf hinweist, dass – bezogen auf die soziale Verhaltensebene – der Hund im Grunde genommen gar kein Tier mehr sei. Natürlich auch kein Mensch, aber irgendwo dazwischenliegend. Die Begründungen hierzu sind neben den bereits erwähnten Tausenden von Jahren engeren Zusammenlebens auch in moderneren Hirnforschungsergebnissen zu finden.
So wurde z. B. vor nicht allzu langer Zeit über MRT-Untersuchungen (MRT = Magnetresonanztomografie) zweifelsfrei festgestellt, dass das Spracherkennungsareal (zuständig für das Erkennen und Bewerten der Lautsprache) im Gehirn des Hundes nicht nur an der gleichen Stelle wie bei uns Menschen zu finden ist. Auch die Funktion und damit das emotionale „Verstehen" der menschlichen Lautsprache ist für den Hund möglich. Dazu Prof. Kotrschal: *„Man stellt insgesamt immer mehr fest, dass Hunde und Menschen zwar unterschiedlich aussehen, aber vom sozialen Grundmodell nahezu identisch sind."* Hunde sind in ihrem Verhalten tatsächlich in der Lage, Menschen zu spiegeln. Sie leben, sie lieben, sie hassen, sie tricksen und schummeln, im Grunde genommen ganz ähnlich, wie wir Menschen das tun. Wenn wir uns auf der Grundlage wissenschaftlicher Arbeiten zunehmend sicher werden, dass Hunde emotional sehr ähnlich ticken wie ihre Menschen, dann wird es viele Zweibeiner geben, die das schon immer vermutet haben. Und in der Tat konnte man auch ohne wissenschaftliche Belege im Umgang mit dem Sozialpartner Hund schon immer das Gefühl bekommen, dass da eine ganz besondere emotionale Verbindung und Nähe zwischen Mensch und Hund zu spüren ist.

FATALE VERMENSCHLICHUNG

Nun darf jedoch niemand dem Gedanken verfallen, dass wir auf der Grundlage dieser spektakulären Wahrnehmungen und Erkenntnisse unseren Familienhunden die Lebensgewohnheiten von uns Menschen beibringen sollten. Genau dieses Bestreben ist leider in nicht wenigen Mensch-Hund-Beziehungen vorzufinden. Die vermeintliche Liebe zum Hund kann dabei Formen annehmen, die sogar tierquälerische Aspekte enthalten können. Doch Vorsicht! Oftmals wird der Begriff „Vermenschlichung" völlig irrtümlich unterstellt.

Hunde sind fröhlich und traurig, treten optimistisch oder pessimistisch auf, sind meist gesellig, aber im Einzelfall auch Einzelgänger oder Eigenbrötler.

Ein Hund, der im Bett seines Menschen schläft, hat nichts mit Vermenschlichung zu tun.

Das bedeutet, dass man sich im Klaren darüber sein sollte, in welchen Fällen es sich tatsächlich um eine für den Hund nachteilige Vermenschlichung handelt (siehe unsere persönliche Definition im Infokasten unten).
Da jedoch viele unserer persönlichen Bedürfnisse mit denen unserer Hunde absolut vereinbar sind, müssen wir klare Abgrenzungen zwischen möglichen positiven und negativen Folgen einer sogenannten Vermenschlichung machen.

DEFINITION VERMENSCHLICHUNG

Wenn wir Menschen unsere persönlichen Bedürfnisse und auch Verhaltensweisen egoistisch und eins zu eins auf den Umgang mit unserem Hund übertragen und es dadurch zu einer Kollision mit den artgegebenen Bedürfnissen des Vierbeiners kommt, dann können wir von einer Vermenschlichung sprechen.

Keine Vermenschlichung

Zunächst einige Beispiele dafür, wann es sich um keine für den Hund nachteilige Vermenschlichung handelt, sondern um übereinstimmende Bedürfnisse zwischen Mensch und Hund. KEINE nachteilige Vermenschlichung liegt vor, wenn ein Hund

- mit seinem Menschen auf dem Sofa kuschelt,
- im Einzelfall Lebensmittel des Menschen vom Tisch bekommt,
- zeitlich gesehen vor dem Menschen gefüttert wird,
- nachts im Bett des Menschen schläft,
- bei Kälte einen Hundemantel trägt,
- seinen Menschen zum Spielen auffordert und damit Erfolg hat,
- liebevoll geknuddelt und gestreichelt wird,
- durch seinen Menschen mit „kindlicher“ Stimme angesprochen wird,
- an Restaurantbesuchen oder Familienfeiern teilnimmt.

Diese kleine Auswahl an Beispielen zeigt deutlich, dass im Zusammenleben zwischen Mensch und Hund keine Nachteile entstehen, solange die jeweilige Bedürfnisebene deckungsgleich ist. Ein Hund, der neben seinem Menschen nachts im Bett schläft, wird nicht vermenschlicht, sondern genießt im Normalfall die soziale Nähe zum Menschen, die ihm unter anderem Geborgenheit und Sicherheit vermitteln kann. Gleichzeitig müssen wir auch respektieren, dass Bedürfnisse des Hundes nicht einfach über den Bedürfnissen des Menschen stehen dürfen. Damit sollte klar sein, dass Hunde nicht zwingend im Bett des Menschen schlafen müssen, wenn der Mensch sich dabei selbst nicht wohlfühlen kann.

VERMENSCHLICHUNG

Kommen wir nun zu Beispielen, in denen sich eine Vermenschlichung nachteilig auf einen Hund auswirken kann. Eine nachteilige Vermenschlichung liegt vor, wenn ein Hund

- als Kind- oder Enkelersatz PERMANENT beschäftigt wird und dadurch nicht zur Ruhe finden kann,
- ausschließlich oder überwiegend menschliche Nahrung erhält,
- mit Gabel und Löffel gefüttert wird,
- täglich gebadet, parfümiert oder deodoriert wird,
- „Stubenarrest“ erhält, weil er den Nachbarn angebellt hat,
- regelmäßig „kindgerecht“ oder „puppengleich“ bekleidet wird,
- im Freien nicht umhertollen darf, weil er sich schmutzig machen könnte,
- niemals alleine gelassen und überfürsorglich behandelt wird.

An diesen Beispielen ist zu erkennen, dass die Bedürfnisse und Vorstellungen des Menschen keinesfalls mit den Bedürfnissen eines Hundes vereinbar sind. Vor nicht allzu langer Zeit hatten wir eine zwölfjährige Hundeseniorin in das Hundealtersheim unserer Tierschutzstiftung aufgenommen, deren gesundheitlicher Zustand als bedenklich gelten musste. Diese Hündin wurde wohl die meiste Zeit ihres Lebens mit Lebensmitteln des Menschen und nicht mit Hundefutter ernährt – mit gewürzten Speisen, von der Leberwurst bis zu Süßspeisen. Hundefutter, ob Trockenfutter, Nassfutter oder auch BARF, wurde rigoros abgelehnt, weil wohl die für einen Hund schädlichen Gewürze für sie unverzichtbar geworden waren. Ihre inneren Organe (Leber, Nieren) waren deshalb auch schon so vorgeschädigt, dass sie nur noch wenige Wochen bei uns überleben konnte.

Übrigens sind Menschen, die kein oder zu wenig Wissen über Hunde und deren Bedürfnisse haben, ganz besonders gefährdet, der Vermenschlichung (mit negativen Folgen) des Hundes zu verfallen. Der Umstand, dass der Hund „weder Mensch noch Tier“ ist, sollte dazu führen, dass wir unseren Vierbeinern mit einem entsprechend hohen sozialen Verantwortungsbewusstsein begegnen. Dabei sollten wir aber immer daran denken, dass trotz Co-Evolution und damit entwicklungsbedingter Nähe zum Menschen, ein Teil der Bedürfnisse unserer Familienhunde von unseren menschlichen Bedürfnissen abweicht.

Ein „Kleinkind-gerechter“ Umgang mit Hunden gibt Hinweise auf Vermenschlichung!

FUNKTIONALES „GESICHT" DES HUNDES

Während wir heute vor allem in den ersten Lernabschnitten bei einem Hund auf die Freiwilligkeit, Handlungsbereitschaft und Eigeninitiative seines Handelns setzen und den Erfolg loben und bestätigen (positive Verstärkung), war es vor 35 Jahren üblich, ein bestimmtes Verhalten des Hundes zu erzwingen und dadurch dessen Funktionalität herzustellen. So wurde z. B. beim Erlernen der „Platz"- oder „Sitz"-Position nach dem jeweiligen Hörzeichen der Körper des Hundes so lange nach unten gedrückt, bis die erwünschte Position gezeigt wurde. Für Freiwilligkeit war ausbilderisch kein Raum gegeben und letztlich sollten – vor allem die sogenannten Gebrauchshunde – möglichst sicher und zuverlässig funktionieren, nicht mehr und nicht weniger. Auf ein bestimmtes Hörzeichen musste (!) eine abrufbare Handlung erfolgen.

NICHTS DAZUGELERNT!

Vereinzelt gibt es heute noch Ausbilder, Trainer und Übungsleiter im Hundewesen, die sich diesem mittlerweile überholten, verkrusteten und tierschutzrechtlich bedenklichen Umgang mit dem Hund verpflichtet fühlen. Man findet sie noch in Hundeschulen, Hundevereinen und auch in der Diensthundeausbildung. Sie werden zum Glück jedoch immer weniger, aber sie sind noch aktiv. Bei näherer Betrachtung ist auch festzustellen, dass sehr viele Hunde bei einer „harten" Ausbildung und auch Erziehung tatsächlich gut „funktionieren", dies jedoch meist bei einer reduzierten Lebensqualität. Die Furcht des Hundes vor den negativen Konsequenzen beim Nichtbefolgen eines Hörzeichens soll den Erfolg der Funktionalität garantieren. Wie steht es aber um die Lebensqualität eines unter permanenten Zwängen trainierten, funktionalen Hundes, wenn er das Hörzeichen „Platz" vernimmt? Nun, er zuckt körperlich zusammen, duckt sich ab und legt sich hin. Dieses Hinlegen ist für ihn die einzige Möglichkeit, den ansonsten folgenden Zwängen zu entgehen. Wir sind uns wohl alle einig, dass ein derartiger Umgang mit dem Hund in unserer heutigen Zeit keinen Raum mehr haben darf!

UND HEUTE?

Ist der Hund immer noch eine „Reiz-Reaktions-Maschine"?
Bis zum heutigen Tag haben sich durch den veränderten Umgang mit dem Hund sowohl positive als auch negative Veränderungen ergeben. Positiv ist sicher zu bewerten, dass man in der modernen Hundeerziehung erhebliche Zwänge, brutalen Drill und geballte Fäuste bei Hundehaltern und auch bei Hundetrainern immer weniger sieht. Negativ ist in aller Deutlichkeit hervorzuheben, dass immer weniger Hunde so erzogen werden, dass sie als alltags- und gesellschaftstauglich gelten können.
Und was sich überhaupt nicht geändert hat: Auffallend viele Menschen scheinen noch immer auf die überwiegende „Funktionalität" des Hundes

Zu häufig gelten Hunde als „funktionale" Wesen, die schematisierte Gehorsamsleistungen zu erfüllen haben.

Wert zu legen. Dem Hund werden bestimmte Reize angeboten und wenn er diesen Reizen mit erwünschtem Verhalten begegnet, wird er belohnt. Genau deshalb ist der Begriff „Reiz-Reaktions-Maschine“ sicher ein zutreffender Vergleich! Methodisch kaum noch druckvoll, dafür aber mit jeder Menge positiver Verstärkung, wird der Hund nach wie vor als primitives vierbeiniges Wesen angesehen, das ganz einfach durch möglichst viele Lernwiederholungen optimal „funktioniert“. Die Strategie dabei lautet sinngemäß: **Erwünschtes Verhalten nach außen getragen, bringt Leckerli dem Hundemagen.** Auf einen bestimmten Reiz (z. B. ein Hörzeichen) folgt die gewünschte Reaktion des Hundes und diese Reaktion wird (z. B. durch ein Leckerli) vom Zweibeiner bestätigt.

Dagegen wäre zunächst nichts einzuwenden, wenn der Mensch das ab und zu so bewerkstelligen würde. Das Problem ist allerdings das permanente und damit ständige materielle Belohnen von Verhaltensweisen. Dabei werden für die meisten Hunde materielle deutlich über soziale Werte gestellt, wodurch sich auch mittel- und langfristig unnötige Belastungen für die Mensch-Hund-Beziehung ergeben können. Wenn in diesem Zusammenhang ein Hund nur noch dann „funktioniert“, wenn seine Handlungsbereitschaft durch ein Leckerli belohnt wird, dann ist irgendetwas schiefgelaufen. Wir Menschen müssen lernen, unsere Familienhunde mit anderen Augen zu sehen, als dies so häufig der Fall ist. Doch dazu sind Kenntnisse zum emotionalen „Gesicht“ unserer Vierbeiner unabdingbar.

Wer sich im Erziehungsgeschehen zu sehr und zu lange auf die Wirkung von Leckerli verlässt, läuft Gefahr, dadurch seine soziale Attraktivität aufs Spiel zu setzen. Die mögliche Folge: soziale Entfremdung.

Füreinander da sein ist kein Alleinstellungsmerkmal des menschlichen Miteinanders. Auch Hunde genießen offensichtlich diesen wunderbaren Aspekt im Zusammenleben.

EMOTIONALES „GESICHT" DES HUNDES

Es dürfte unbestreitbar sein, dass unsere Hunde – ähnlich wie wir Menschen – über die Fähigkeit verfügen, zu fühlen. Gefühle sind, einfach ausgedrückt, Wahrnehmungen, die unser aller Leben von der Geburt bis zum Tod begleiten. Die Tatsache, dass wir fühlen und empfinden, ist zunächst völlig frei von Erfahrungen, sondern beruht auf einem angeborenen Mechanismus. Körperlich fühlen wir unter anderem Kälte, Wärme, Schmerzen, Hunger oder Zuneigung durch Berührung. Auf geistiger Ebene hingegen fühlen wir unter anderem Lust, Geborgenheit, Angst, Freude, Verlassenheit und Zufrieden- oder auch Unzufriedenheit. Gefühle zu empfinden, steht übrigens im genetisch vorgegebenen Konzept aller Säugetiere. Niemand dürfte deshalb die geringsten Zweifel daran haben, dass Hunde fühlen können. Doch Gefühle sind noch keine Emotionen und so kommt es heute wie nie zuvor zu Diskussionen darüber, ob unsere Hunde auch über die Fähigkeit verfügen, Emotionen und daraus resultierend auch emotionale Intelligenz zu zeigen. Dabei nützen diese ganzen Diskussionen erst einmal recht wenig, solange es noch keine allgemeingültige Definition zum Begriff Emotion bzw. Emotionalität gibt. Ähnlich wie beim Begriff Aggression hält jede wissenschaftliche Fachrichtung eine eigene Definition vor und daraus ergibt sich ein Wildwuchs an Theoriebeschreibungen. Und dennoch gibt es einen kleinsten, gemeinsamen Nenner, der da lautet: **Gefühle und Emotionen sind nicht dasselbe! Gefühle sind stattdessen das Produkt unserer Emotionen.**

Ein kleines Beispiel dazu: Wir nehmen unseren Partner liebevoll in den Arm, weil wir uns mit ihm emotional verbunden fühlen (Zuneigung/Liebe). Die emotionale Handlung wiederum löst ein sehr wohltuendes Gefühl in uns aus. Genau genommen verbergen sich unsere Emotionen im limbischen System, einer Funktionseinheit im Gehirn. Tritt eine Emotion auf, beurteilt unsere Großhirnrinde die Emotion und setzt anschließend unsere Gefühlswelt in Gang.
Wenn aus der Fähigkeit, zu fühlen, das sogenannte Mitgefühl entsteht, dann zeigt sich eine Folgehandlung, die wir übrigens gern mit dem Fachbegriff Empathie versehen. Wir versetzen uns dabei gedanklich in die Lage unseres möglicherweise traurigen Partners, weil uns dessen Traurigkeit betroffen macht.

EMPFINDEN HUNDE EMPATHIE?

Wenn diese Frage mit einem zweifelsfreien Ja beantwortet werden kann, besteht im Grunde genommen kein Diskussionsbedarf mehr, denn dann steht fest, dass Hunde über eine emotionale Intelligenz verfügen! Und schon an dieser Stelle darf versichert werden, dass Hunde sehr wohl Handlungen zeigen können, die deren Fähigkeiten zur emotionalen Empathie eindeutig belegen.
Unsere Hunde fühlen zunächst, wenn es uns nicht gut geht, wenn wir traurig oder niedergeschlagen sind. Besteht dabei zwischen Mensch und Hund ein sozial harmonisches Bindungsverhältnis, kommt es zu einer vermehrten Annäherung, zu tröstenden oder sogar zu aufmunternden Handlungen. So interagieren und kommunizieren übrigens auch Hunde im Umgang mit ihnen nahestehenden Artgenossen.
Dass verschiedene Säugetierarten – auch solche, die überhaupt nicht mit Menschen zusammenleben – ebenfalls emotionale Fähigkeiten besitzen, wird durch unterschiedliche wissenschaftliche Fachrichtungen heute nicht mehr bestritten.
Und dennoch muss die emotionale Intelligenz des Hundes als etwas Besonderes hervorgehoben werden. Während nämlich viele Säugetierarten emotionales Verhalten ausschließlich oder zumindest überwiegend innerartlich (innerhalb ihrer jeweiligen Art) zeigen, ist bei unserer Hunden Emotionalität auch zwischenartlich (zwischen zwei Arten – Beispiel: Hund und Mensch) anzutreffen. Nach Tausenden von Jahren des engen Zusammenlebens zwischen Menschen und Hunden haben sich dazu definitiv strukturelle Veränderungen im Gehirn des Hundes ergeben. So hatten wir bereits an anderer Stelle erwähnt, dass die sogenannten „Spracherkennungsareale“ im Gehirn bei Mensch und Hund sehr vergleichbare Wahrnehmungs- und Empfindungsreaktionen auslösen. Was nach und nach durch wissenschaftliche Untersuchungen ans Tageslicht kommt, ist seriös und kompetent arbeitenden Praktikern übrigens schon viele Jahre bekannt: Ja, Hunde verfügen über emotionale Fähigkeiten. Allerdings gelten Meinungen und Aussagen aus der Praxis so lange als hypothetisch, bis irgendwann entsprechende wissenschaftliche Belege bzw. Studien veröffentlicht werden, die derartige Hypothesen belegen.
Da es sich jedoch bei der emotionalen Intelligenz um vorwiegend mentale und somit geistig-seelische Prozesse handelt, wird es in vielen inhaltlichen Bereichen heute und auch in Zukunft zumindest nicht einfach werden, wissenschaftlich messbare Ergebnisse zu liefern. Somit sind auch derzeit noch vorrangig die Erfahrungen aus der Praxis, und damit Hypothesen, gefragt.
Emotionen und Gefühle nehmen auch in der Hundeerziehung einen bedeutungsvollen Raum ein. Schauen wir uns in diesem Zusammenhang die unterschiedlichen Trainingsmodelle in der Hundeerziehung etwas näher an, werden wir feststellen, dass Erziehung bei weitem nicht nur Konditionierung bedeutet.

ERZIEHUNG – TRAININGSMODELLE ODER BAUCHGEFÜHL?

Soziale Legasthenie ist in der Hundeerziehung auf dem Vormarsch!
Legasthenie, allgemein bekannt als Lese- und Rechtschreibschwäche, ist im übertragenen Sinn auch auf sozialer Ebene in der Hundeerziehung immer mehr anzutreffen. Viele Hundehalter haben Probleme, die individuellen Bedürfnisse ihrer vierbeinigen Sozialpartner zu „lesen" und soziale Signale effektiv an den Partner zu übertragen. Einer der Gründe dafür ist unter anderem im Bildungs- und Schulsystem unserer Gesellschaft zu finden. Dies ist nämlich in erster Linie auf eine mathematische bzw. logische Intelligenzform ausgerichtet. Auf der Strecke bleibt dabei zunehmend die soziale oder auch emotionale Intelligenz, die im engeren Zusammenleben von Sozialpartnern mindestens genauso wichtig ist. Diesem Umstand ist es in negativer Hinsicht zu verdanken, dass viele Hunde heutzutage überhaupt nicht mehr erzogen werden. Stattdessen wird immer mehr auf „logische" Konditionierung gesetzt, auf Tauschgeschäfte und materielle Versprechungen (Leckerli und Spielzeug). **In der Hundeerziehung wird immer weniger erzogen und immer mehr „gedealt".**
Der Beweis hierfür ist in den meisten deutschen Tierheimen wiederzufinden. Dort befinden sich zahllose junge Hunde, die als angeblich schwer oder nicht erziehbar eingesperrt auf meist unbestimmte Zeit im Tierheim ihr Dasein fristen. Dabei sollte doch klar sein, dass alles, was ich in der Hundeerziehung über Leckerli und Spielzeug erreiche, aufgrund der materiellen Basis keine hohe soziale Wertigkeit haben kann. **Im Gegenteil, je mehr sich ein Hundehalter auf materielle Hilfsmittel verlässt, umso mehr vernachlässigt er sein soziales Beziehungssystem.** Körper- und Lautsprache des Zweibeiners erhalten dadurch einen zweitrangigen, manchmal sogar überflüssigen Charakter. Der Hund orientiert sich in seinen Handlungen an den materiellen Gaben des Menschen und nicht mehr an dessen Persönlichkeit. Hier werden die Parallelen zur Kindererziehung für jeden erkennbar. Viele Hundehalter sind überhaupt nicht mehr in der Lage, mit ihren Vierbeinern sozial zu kommunizieren. Doch wenn der Sender Mensch nicht optimal funktioniert, was bitte soll dann der Empfänger Hund reflektieren? Wenn bei einem Radio der Sender nicht optimal eingestellt ist, beginnt es zu rauschen. Schnell fühlt sich der Zuhörer genervt oder auch irritiert und hört nicht mehr hin oder er schafft es, den Sender wieder optimal einzustellen. Hunde, die ihre Menschen nicht wahrnehmen können oder wollen, sind kaum in der Lage, den „Sender" besser einzustellen. Das bleibt letztlich die anspruchs-

Attraktivität, Souveränität, Respekt, Zuneigung und auch Bindung müssen Schritt für Schritt erarbeitet werden, um eine möglichst hochwertige Beziehungsqualität zu erreichen.

Banale Fehler in der Hundeerziehung bringen Tag für Tag viele angeblich schwer erziehbare Hunde in deutsche Tierheime.

volle Aufgabe beruflich orientierter Hundetrainer. Doch woran mag es liegen, dass auch viele Hundetrainer bevorzugt auf materieller Ebene (Leckerli/Spielzeug) konditionieren? Die Antwort ist relativ einfach: Konditionierungsprozesse sind wesentlich einfacher umzusetzen, als erzieherische Grundlagen auf sozialer Basis. Wurst schmeckt für einen Hund immer verlockend nach Wurst und Käse attraktiv nach Käse. Damit kann einem Vierbeiner ganz schnell etwas beigebracht werden. Mit Erziehung hat das aber nur wenig zu tun. Sozial wertvolle Begriffe beziehen sich einzig und allein auf die Persönlichkeit des Hundehalters.

Aus diesem Grund achtet ein erfolgsorientierter Hundetrainer sehr darauf, den „Sender" Hundehalter so einzustellen, dass ihn der „Empfänger" Hund in jeder Hinsicht besser verstehen kann. Nur so gelingt ein besseres Zusammenleben.

VERWIRRENDE METHODENVIELFALT

„Wer die Wahl hat, hat die Qual!" Ein allgemein bekannter Spruch, unter dem vor allem Hundehalter zu leiden haben, die sich selbst noch als unerfahren bezeichnen würden. Das Problem ist aber nicht allein die methodische Vielfalt, sondern die damit verbundenen, extremen Denkweisen sehr vieler Hundeschulen und deren Betreiber. Oftmals geht es dabei vielmehr um Philosophien bzw. um Ideologien, weniger um ein individuell abgestimmtes Trainingskonzept. In diesem Zusammenhang ist es fatal, wenn ein Hundehalter mit den jeweiligen Extremen der Hundeerziehung konfrontiert wird.

Was nun in diesem Zusammenhang folgt, sind keine freien Erfindungen, sondern noch immer aktuelle (!) Beispiele aus der Praxis, mit denen sich schon sehr viele Hundehalter in negativer Hinsicht konfrontiert gesehen haben.

AUS DER PRAXIS

UNTERORDNUNG UM JEDEN PREIS

Sinngemäße Aussage des Hundetrainers: „Bevor Sie zu uns in die Hundeschule kommen, müssen Sie wissen, dass wir den ganzen modernen Kram in der Hundeerziehung ablehnen. Ihr Hund soll lernen, sich Ihnen gegenüber generell unterzuordnen. Dazu benötigen wir keine Leckerli, sondern ein klar dominantes Auftreten, absolute Konsequenz und ein rigoroses Durchsetzen und Einfordern von Gehorsamsleistungen.
Sie werden staunen, wie schnell Ihr Hund die Übungen erfüllt, Sie müssen ihm – mit unserer Hilfe natürlich – nur klar zeigen, wo es langgeht. Selbstverständlich werden bei uns die Hunde auch gelobt. Allerdings sehr sparsam, denn mit zu viel Lob riskieren Sie dem Hund gegenüber Ihre Glaubwürdigkeit."

Wie bringt man Hunde unter Kontrolle? Die herrschende Methodenvielfalt in der Hundeerziehung ist Fluch und Segen zugleich.

Jeder erfahrene Hundehalter wird sofort merken, dass hier etwas nicht stimmen kann. Hingegen wird ein unerfahrener Zweibeiner sehr schnell auf ein derartiges Angebot eingehen. Denn die Aussage des Trainers suggeriert – kein moderner Kram – Erziehung geht ohne Leckerli – Gehorsamsleistungen werden quasi garantiert – die Übungen werden schnell erfüllt – Stärke, Dominanz und Konsequenz demonstrieren und durchsetzen ist wichtig und erfolgversprechend. Und letztlich „staunt" jeder tatsächlich gern über einen schnellen, gelungenen und zuverlässigen Erziehungserfolg. Was also soll an diesen Aussagen schlecht sein? Ein Anfänger muss hier nicht gleich ahnen, dass ihn und vor allem seinem Hund ein vermutlich „harter Drill aus alten Zeiten" erwartet. Somit wird die erste Stunde gebucht und für viele Zwei- und Vierbeiner beginnt damit ein böses Erwachen. Merkt der Hundehalter schließlich, dass sein Vierbeiner letztlich unter den gegebenen Trainingsbedingungen mehr Leid als Freude erfährt, kommt er (hoffentlich) früh auf die Idee, die Hundeschule zu wechseln. Läuft es jedoch dumm, kommt er im sprichwörtlichen Sinn vom Regen in die Traufe.

AUS DER PRAXIS

AUSSCHLIESSLICH POSITIVE VERSTÄRKUNG

Sinngemäße Aussage des Hundetrainers: „Bevor Sie zu uns in die Hundeschule kommen, müssen Sie wissen, dass wir nach modernsten wissenschaftlichen Erkenntnissen trainieren. Ihr Hund soll nicht lernen, sich Ihnen gegenüber kompromisslos unterzuordnen. Er soll lernen, auf der Grundlage seiner persönlichen Bedürfnisse die Dauer und die Qualität des erzieherischen Erfolges mitzugestalten und mitzubestimmen. „Strafe" wird es für Ihren Hund bei uns nicht geben, weil wir immer einen Weg finden werden, über die positive Verstärkung Lösungsansätze zu finden, die zwar etwas länger dauern können, die aber letztlich zu einem viel schöneren Erfolg führen werden, als in der von Ihnen zuletzt besuchten Hundeschule. Ihr Hund wird es Ihnen danken. Mit viel Geduld wird es uns gelingen, Ihren Liebling zu einem treuen Begleiter werden zu lassen. Sie müssen nämlich wissen, dass Sie mit Strafe, mit Zwängen oder gar körperlichen Reglementierungen immer auch das soziale Vertrauen Ihres Hundes in Ihre Person schwächen.

Auch das geht leider allzu häufig schief! Was suggeriert denn die Aussage dieses Hundetrainers? Nun, jede Menge positive Gedanken sind in diesem Angebot verpackt: gewaltfrei – zwangsfrei – wissenschaftliche Erkenntnisse (das zieht immer) – Mitgestaltung, Mitbestimmung – keine Strafe – Geduld, Liebe und Treue.

Wir nennen das „Volksmusik-Mentalität". Alles ist schön und gut, der Himmel ist immer blau, die Sonne scheint, man ist der Glückseligkeit einfach ein Stück näher gerückt. Jedem Hundehalter ist zu wünschen, dass er sich irgendwo zwischen den Extremen und nicht darin wiederfinden kann. Denn diese beiden Extreme belasten sehr häufig Mensch-Hund-Beziehungen enorm, wenngleich die Ergebnisse sehr unterschiedlich ausfallen werden. In Beispiel 1 treffen wir letztlich auf einen „wohlerzogenen" Hund, der zwar ganz gut „funktioniert", dessen Lebensqualität jedoch erheblich reduziert sein dürfte. In Beispiel 2 treffen wir hingegen oftmals auf einen Hund, bei dem sehr viel „funktioniert" – nur nicht, wenn es darauf ankommt. Dabei ist ebenfalls die Lebensqualität reduziert, denn wenn unter Alltagsbedingungen der erzieherische Zugriff nur bedingt möglich ist, kann beispielsweise jede Hundebegegnung zu einem Spießrutenlauf für den Hundehalter ausarten.

Wenn ein Hundetraining NUR über Freiwilligkeit aufgebaut wird, dann fehlt es allzu oft an erzieherischer Zuverlässigkeit. Der Hund entscheidet nämlich bei ausschließlicher Freiwilligkeit nach der jeweiligen Interessenlage und befindet sich im Alltag häufiger in einer Interessenskollision. Von zwei möglichen Verhaltensweisen wird diejenige gewählt, die ihm attraktiver erscheint. Das kann zu einem Managementproblem in der Hundebegegnung führen (vor allem in der Pubertät).

Taucht nach einigen Trainingsbesuchen auch hier zunehmende Unzufriedenheit auf, sucht man eine weitere Hundeschule auf. Welches Angebot macht der Trainer einer dritten Hundeschule, den wir als seriös und kompetent bezeichnen?

AUS DER PRAXIS

KEINE PATENTREZEPTE

Sinngemäße Aussage des Hundetrainers: „Bevor Sie zu uns in die Hundeschule kommen, müssen Sie wissen, dass wir methodisch sehr offen und keiner Philosophie oder Ideologie verfallen sind. Wir trainieren auf der Grundlage der positiven Verstärkung, betrachten dabei aber jeden Hund und jedes Mensch-Hund-Team völlig individuell. Einen kompletten Verzicht auf erzieherische Zwänge finden Sie genau deshalb bei uns nicht, weil Hunde aufgrund ihrer Unterschiedlichkeit nicht nach einem feststehenden Muster, sondern nach ihren individuellen Fähigkeiten, Veranlagungen und Bedürfnissen erzogen werden sollten. Dies kann auch erzieherisch orientierte Reglementierungen bei unerwünschtem Verhalten nach sich ziehen. Allerdings hat ein reglementierender Umgang stets unter Berücksichtigung tierschutzrechtlicher Belange – und damit ohne Aggression, ohne Tritte oder Schläge – zu erfolgen."

Ein kompetenter Hundetrainer wird in der methodischen Wahl seines Trainings einem Hund niemals ausschließlich mit Härte und Strenge begegnen! Ganz einfach deshalb nicht, weil er mit Härte und Strenge einem „weichen" bzw. sensiblen Hund Schaden zufügen kann. Bestenfalls reduziert er „nur" die Lebensqualität des Hundes und macht ihn quasi trainingsscheu. Er wird aber genauso wenig ausschließlich mit positiver Verstärkung und völlig zwangsfrei trainieren, denn schließlich trifft er auch auf wenig sensible, rüpelhafte bis hin zu „schwierigen" Hunden, die ausschließlich mit positiver Verstärkung wenig bis überhaupt nicht erziehbar sind. Er wird sich somit methodisch immer an der jeweiligen Individualität des einzelnen Hundes orientieren. Fest steht aber: Seine Methoden sind frei von Inhalten, die mit Schmerzen und Leiden im Sinne des Tierschutzgesetzes verbunden sind. Um so zu trainieren, bedarf es eigentlich nicht einmal eines Tierschutzgesetzes, denn ein Hundetrainer ist in seinem Verantwortungsbereich dem Vierbeiner auch unter Einbeziehung ethischer Grundsätze verpflichtet!

Liebevolle Zuwendung ist das eine, ...

„EXTREMISMUS" IM HUNDETRAINING

Wie bereits erläutert, in beiden „Lagern" (hart oder weich) sind Sie als Anfänger in Sachen Hundeerziehung nicht gut aufgehoben, es sei denn, Sie fühlen sich unter „Extremisten" wohl. Die ausschließlich „harte Hand" setzt auf eine hohe Funktionalität des Hundes. „Der Hund MUSS Gehorsam zeigen, der Hund MUSS sich unterordnen, der Hund DARF keine eigenen Entscheidungen treffen ...

Das andere Extrem, die ausschließlich „weiche Hand", wehrt sich zwanghaft gegen Zwänge in der Hundeerziehung. Der Hund MUSS möglichst stressfrei leben, der Hund soll UNBEDINGT ohne „Strafe" erzogen werden, der Hund DARF nicht streng reglementiert werden ...

Auch hier steht außer Frage, dass dieses extreme Denken und Handeln für viele Hunde mit unverkennbaren Nachteilen verbunden ist. Oftmals übrigens auch für die Zweibeiner, deren Lebensqualität zugunsten der zunehmend zügelloser

... das andere ist eine konsequente Erziehung, um den Hund gut durch Alltagssituationen zu führen.

werdenden Verhaltensweisen ihrer Vierbeiner ins Hintertreffen geraten.
Wer sich allerdings zwischen den genannten Extremen in der Hundeerziehung bewegt, und sich mit der sogenannten „goldenen Mitte“ anfreunden kann, wird feststellen, dass es ihm, seinem Hund und damit auch der Mensch-Hund-Beziehung einfach nur guttut. In der Kindererziehung wird übrigens diese Art der Erziehung mit dem Begriff „**autoritativ**“ verknüpft. Das bedeutet nichts anderes, als dass innerhalb des erzieherischen Umgangs mit dem Kind – anlassbezogen – sowohl „weiche“ als auch „harte“ Elemente enthalten sein dürfen.

KONSTRUKTIVE AUSEINANDERSETZUNGEN STÄRKEN DIE BEZIEHUNG

An einem interessanten Beispiel ist zu erkennen, wie wichtig es für eine Mensch-Hund-Beziehung ist, neben vielen schönen Dingen auch das Üben von Auseinandersetzungen und damit konstruktivem Streit einfließen zu lassen. Hunde, die bereits im Welpenalter lernen durften, mit Folgen und Konsequenzen einer konstruktiven (!) Auseinandersetzung mit dem Menschen umzugehen, haben im späteren Leben deutlich weniger das Problem, ein ernst gemeintes „Nein!“ des Menschen zu akzeptieren, als Artgenossen, die eine solche Lernerfahrung nicht machen durften.

Zur Erziehung eines Hundes gehört das liebevolle In-den-Arm-Nehmen genauso, wie ein konsequentes Reglementieren unerwünschter Verhaltensweisen.

AUS DER PRAXIS

Wenn jemand regelmäßig auf einem großen Gewässer mit einem Boot fahren möchte, muss er zunächst Voraussetzungen und Rahmenbedingungen berücksichtigen, um das Boot auch steuern zu können. Klar sollte er auch fähig sein, zu schwimmen, um sich im Notfall selbst ohne Boot über Wasser zu halten. Nun stellen wir uns einmal vor, ein Bootsfahrer steuert täglich seinen Kahn über das große Gewässer und er trifft nie auf Wellengang. Die Wasseroberfläche ist stets ruhig und plan wie ein Spiegel. Der Bootsfahrer fühlt sich wohl in dieser Idylle und er genießt den stressfreien Aufenthalt auf dem Gewässer. Dann, eines Tages, kommt doch unerwartet Sturm auf! Aufkommende Wellen bringen das Boot ins Wanken – und setzen den Bootsfahrer zunehmend unter Stress. Da die zunehmende Konfrontation mit dieser außergewöhnlichen Situation zuvor nicht erlebt und damit auch nicht geübt wurde, ist das Anpassungssystem in Sachen Stress schnell überfordert. Souveränität und innere Ruhe sind futsch und dadurch kommt es zu hektischen und wenig angepassten Handlungen des Bootsfahrers. Der stressgeplagte Mensch kämpft jetzt nicht nur gegen die Wellen, sondern sogar gegen sein eigenes Boot. Ratlosigkeit und zunehmende Ängste sind die schlechtesten Voraussetzungen für angepasstes Handeln.

Eine derartige Situation kann man sich auch gut bei einem kaum erfahrenen Piloten vorstellen, der nicht weiß, wie er mit Luftturbulenzen bei einem Flug umzugehen hat. Ruhe bewahren ist angesagt und Ruhe bewahren kann nur, wer gelernt hat, mit Wellengang oder auch Luftturbulenzen umzugehen. Nicht umsonst müssen Flugpiloten und Schiffskapitäne immer wieder kritische Situationen trainieren. Nur so sind sie in der Lage, in Konfliktsituationen die richtigen Entscheidungen zu treffen!

VERLUST VON SOZIALEN KOMPETENZEN

Im übertragenen Sinne bedeutet das nichts anderes als ein erheblicher Kompetenzverlust beim Führen eines Hundes, wenn in der Erziehung aus ideologischen Gründen und unter allen Umständen auf soziale Konfrontation, auf stressangereicherten Umgang bzw. auf zwangsfreies Konfliktmanage-

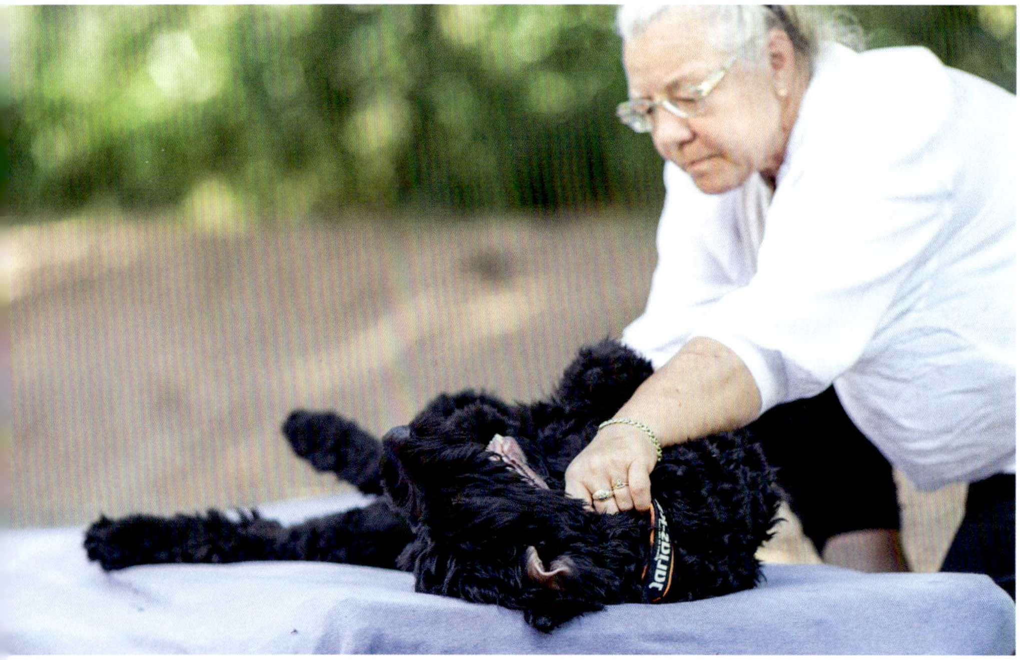

Konstruktive Auseinandersetzungen sollten früh geübt werden, …

Konstruktiver Streit ist ein wichtiger „Klebstoff", sowohl in Mensch-Mensch- als auch in Mensch-Hund-Beziehungen.

ment bewusst verzichtet wird. Das oftmals künstlich konstruierte Umschiffen von „Wellengängen" oder Umgehen von „Turbulenzen" wirkt sich dann fatal aus, wenn im Alltag eine Umgehung von Konflikten überhaupt nicht mehr möglich ist und ein Zweibeiner vor vollendete Tatsachen gestellt wird.

Ein pubertierender junger Hund, der in der Welpen- und Junghundezeit nicht den Umgang mit sozialem Stress, Konflikten und konstruktiven Auseinandersetzungen lernen konnte, weil ihm das aus vornehmlich ideologischen Gründen verwehrt wurde, hat in seinem künftigen Leben deutlich mehr Probleme in Sachen Stress- und Konfliktbewältigung als ein Artgenosse, der gezielt (!) und dosiert (!) auf das „echte" Leben vorbereitet wurde.

... um nicht später eine Überraschung zu erleben.

Wer versucht, die kommunikative Beziehungsebene stets ohne Streit zu lösen, nimmt in Kauf, eine wenig belastbare Beziehung zu entwickeln! Wie soll man Turbulenzen und Wellengang aushalten, wenn man diesen mit permanenter und damit pauschaler Vermeidungstaktik begegnet? Erzieherische Fehltritte sind vor allem dann immer wieder zu verzeichnen, wenn Hunde sich – ganz gleich, in welchen Situationen – als aggressiv erweisen. Nehmen wir z. B. an, ein junger Hund knurrt immer wieder seinen eigenen Besitzer an. Zur Lösung dieses Problems werden leider häufig irgendwelche Patentrezepte vorgeschlagen, die im Einzelfall richtig sein können, in vielen anderen Fällen jedoch fatale und nachteilige Auswirkungen haben.

Der Hund knurrt!

Reglementieren, ignorieren oder „weich spülen"? Finger weg von pauschalen Empfehlungen bei aggressiven Hunden, ganz gleich, wie sie auch lauten mögen. So kann ein junger, einjähriger Hund, der z. B. „neuerdings" in unterschiedlichen Situationen wiederholt seinen Besitzer anknurrt, nicht pauschal ignoriert, aber auch nicht pauschal reglementiert bzw. „bestraft" werden. Stattdessen muss es erst einmal um die sogenannte Ursachenforschung gehen. Hunden, die ihre eigenen Besitzer anknurren, muss man zunächst nur unterstellen, dass sie kommunizieren, nicht mehr und nicht weniger. Welche Aussage ein Hund beim Anknurren seines Besitzers im übertragenen Sinn trifft, bestimmt letztlich, wie der Zweibeiner mit dieser „Nachricht" seines Hundes umgeht.

Bedingt durch unseren jahrelangen, häufigen Umgang mit besonders schwierigen Hunden können wir behaupten, dass wir Vierbeinern, die ihre eigenen Besitzer oder deren Familienangehörige anknurren, mit sehr unterschiedlichen Methoden

Die hundliche Aggression ist derart komplex und hintergründig, dass es fatal wäre, ohne Erforschung der Ursachen irgendwelche Patentrezepte zur Lösung vorzuschlagen.

begegnen, von weich bis hart. In dem einen Fall ignorieren wir dieses Verhalten mit dem Bewusstsein, dass die „Nachricht" hinter diesem Knurren einen vorübergehenden pubertären „Experimentier-Aspekt" ohne nachfolgende Risiken (mögliche aggressive Fehlentwicklung) darstellt: ein etwas rüpeliger Hund, der jedoch die „rote Linie" nach unserer Überzeugung nicht überschreiten wird, weil er erkennen lässt, dass ihm an weitergehenden Auseinandersetzungen nichts liegt.

In einem weiteren Fall ziehen wir uns sogar zurück und lassen den Hund in Ruhe, wenn er knurrt. Das sind beispielsweise die Fälle, in denen wir eine schmerzbedingte Aggression (ausgelöst durch bestimmte Berührungen) vermuten. Oder auch Vierbeiner, die im Umgang durch den Zweibeiner zu stark strapaziert bzw. überfordert wurden, weil z. B. Leistungen abverlangt werden, die sie überhaupt nicht erbringen können. Oder auch unsichere Hunde, die offensichtlich Probleme mit der Unterschreitung ihrer Individualdistanz zeigen, weil sie eventuell auch schlechte Erfahrungen mit Menschen gemacht haben.

Aber selbstverständlich wird in einem weiteren Fall das Anknurren konsequent reglementiert. Das sind dann vor allem Hunde, die sich mit respekt- und distanzlosem Verhalten ihre „persönlichen" Freiheiten und Privilegien „ausbauen" wollen und dabei die Konfrontation mit ihrem Menschen nicht nur billigend in Kauf nehmen, sondern diese sogar provozieren. Ja, solche Hunde gibt es tatsächlich und dabei kann im erzieherischen Umgang ein Ignorieren des Knurrens sehr schnell einen selbst belohnenden Effekt nach sich ziehen. Das Knurren wird nicht reduzierter, sondern zunehmend verstärkter auftreten. Viele Tierheime beklagen, dass sie vergleichsweise häufig Hunde (meist in der Pubertät) aufnehmen müssen, die einfach nur unerzogen sind und irgendwann in ihrer sozialen Entwicklung ihre Bedürfnisse mit aggressiven „Ausrufezeichen" durchgesetzt haben.

METHODENSTREIT FÜHRT INS LEERE!

Wir sollten langsam damit aufhören, diesen seit gefühlten Ewigkeiten bestehenden Methodenstreit in Sachen Hundeerziehung derart „bissig“ fortzuführen. Es ist einfach unsinnig, alle sogenannten „alten Zöpfe“ ständig abschneiden zu wollen und dabei mit neuen, teils untauglichen „Perücken“ Hundeerziehung schönzureden, ohne dass Hundeerziehung als solche stattfindet. Genauso sollten wir offen sein für moderne und zwangsfreie Methoden, wenn diese als tatsächliche Alternative zu „alten Zöpfen“ nachhaltigen Erfolg versprechen. Man muss Altes nicht eins zu eins durch Neues ersetzen, denn der dadurch entstehende Zwang zur Zwanglosigkeit nimmt uns die Möglichkeit, Hundeerziehung an der so wichtigen Individualität eines jeden einzelnen Vierbeiners auszurichten. Dazu nochmals eine Parallele aus der Kindererziehung: Es gab Zeiten, da haben Lehrer in aller Regelmäßigkeit Kinder geschlagen. Heute stellt man fest, dass immer mehr Kinder ihre Lehrer schlagen. Wenn wir übereinkommen, beides nicht tolerieren zu wollen, müssen wir – auch in der Hundeerziehung – dem Früher oder Damals genauso kritisch gegenüberstehen, wie dem zwanglosen Heutzutage. Eine sozial kritische, unangemessen aggressive Entwicklung des Hundes ist übrigens nach unserer persönlichen Erfahrung mit einer sogenannten „Wattebausch-Erziehung“ nicht weniger zu befürchten als mit der Erziehung einer „harten Hand“.

... und wenn nichts mehr geht?

Aussage eines leidgeprüften Hundehalters: „Hätte ich doch nur auf mein Bauchgefühl geachtet. Irgendwie habe ich mich beim Hundetraining nie wirklich wohlgefühlt. Irgendetwas stimmt da nicht, habe ich mir immer gesagt. Aber letztlich dachte ich, der Trainer wird schon wissen, was er tut. Schließlich ist er ja auch viel erfahrener als ich.“ Gar nicht so selten, dass diese Aussage sinngemäß den Worten eines Hundehalters zu entnehmen ist, der im Hundetraining keine Erfolge, oder

Hunde sind nicht nur im Aussehen, sondern auch in ihren Charaktereigenschaften so vielfältig.

noch schlechtere Erfahrungen gemacht hat. Schlechte Erfahrungen meist deshalb, weil das Training nicht auf die Individualität des Mensch-Hund-Teams abgestimmt wurde. Stattdessen wurden Patentrezepte „übergestülpt" und Patentrezepte sind im Hundetraining schon immer für das Leid vieler Hunde (und deren Menschen) verantwortlich.

Ein sogenanntes Bauchgefühl ist ganz sicher kein schlechter Ratgeber, wenn es um das Thema Hundeerziehung geht. Die angesprochene Methodenvielfalt verwirrt nicht nur, sie führt in vielen Fällen auch zu ausbleibenden Erziehungserfolgen! An dieser Stelle kann einem das Bauchgefühl durchaus helfen, den für sich und für den Vierbeiner besten methodischen Weg zu finden.

Nun muss ein Hundehalter nicht der Angst verfallen, dass die meisten Hundeschulen bzw. deren Betreiber keine ausreichenden Kompetenzen vorweisen. Es steht außer Frage, dass viele Hundetrainer in Deutschland einen guten oder auch sehr guten Job machen. Allerdings sind diese weder im überwiegend „harten" noch im überwiegend „weichen" Trainingsbereich zu finden. Sie befinden sich – wie bereits erwähnt – irgendwo zwischen den genannten Extremen. Übrigens ist die fachliche Qualität von Hundetrainern auch am verwendeten, materiellen Equipment (Zubehör) erkennbar. Man spricht dabei auch von der sogenannten „Tool-Box" (Werkzeugkiste), die ein Hundetrainer für sein Training nutzt.

Für jeden Hund muss man ein Bauchgefühl entwickeln und die Erziehung an seinen Charakter anpassen.

Ein Hundetrainer muss über ein großes Rüstzeug an Ausbildungsmethoden und Hilfsmitteln verfügen, um auf die verschiedenen Charaktere der Hunde eingehen zu können.

TOOL-BOX ZUR HUNDEERZIEHUNG

Der bekannte Wissenschaftler Ádám Miklósi, Professor für Ethologie an der ELTE-Universität in Budapest, hat uns gegenüber vor einiger Zeit eine sehr interessante Aussage getroffen. Er meinte, dass er selbst zwar kein Hundetrainer sei, sich jedoch die fachlich gute Kompetenz eines Hundetrainers nur dann vorstellen könne, wenn dessen Tool-Box möglichst reich bzw. vielfältig bestückt sei. Diese Einschätzung kann sicher als Volltreffer gewertet werden, wenn es um ein erfolgsorientiertes Hundetraining geht. Es gibt heutzutage anscheinend zahllose Hilfsmittel in der Hundeerziehung und sehr viele dieser Hilfsmittel haben mittlerweile einen festen Platz eingenommen. Denken wir dabei aber nicht nur an Führleinen, Halsbänder und Geschirre, die wir zum Führen unserer Vierbeiner nutzen. Weitere erzieherische Hilfsmittel, wie z. B. Klicker, Leckerli, Futtertube, Schleppleine, Maulkorb, Kopfhalter, Wasserflasche, Sprühhalsband oder Disc-Scheiben, können sich ebenfalls in einer Tool-Box befinden. Wie recht Ádám Miklósi mit seiner Aussage zu fachlichen Kompetenzen hat, findet sich schnell in der „Streichliste“ der Hundetrainer wieder, die wir bereits als Extrembeispiele negativ erwähnt hatten.

Streichliste „harter“ Hundetrainer: Klicker, Leckerli, Futtertube, Kopfhalter, Geschirr.
Streichliste „weicher“ Hundetrainer: Wasserflasche, Sprühhalsband, Disc-Scheiben, Halsband.
Das Resümee dieses Kapitels ist auf einen recht einfachen Nenner zu bringen: **Um einen Hund erfolgreich zu erziehen, bedarf es keiner Patentrezepte, sondern einer auf die Individualität des Vierbeiners angepassten Vorgehensweise.** Ausschließlich „harte“ oder ausschließlich „weiche“ Erziehungsmethoden verhindern allzu häufig erzieherische Erfolge. Und letztlich ist es immer ratsam, in Zweifelsfällen auch mal auf das persönliche Bauchgefühl zu achten.
Genauso wie wir – belegt durch wissenschaftliche Arbeiten – eine Zunahme an Verhaltensauffälligkeiten bei Menschen zu verzeichnen haben, sehen wir auch eine Zunahme an Verhaltensauffälligkeiten bei unseren Familienhunden. Dem komplexen Thema „Verhaltensauffälligkeiten“ werden wir uns im Folgenden zuwenden. Denn bevor wir einen stressempfindlichen, nervösen, hektischen, unruhigen oder gar extrem schwierigen bis gefährlichen Hund „entschleunigen“, sollten wir etwas mehr über die Entstehung und über die Besonderheiten von auffälligen Verhaltensweisen wissen.

VERHALTENS-AUFFÄLLIGKEITEN

— *Zunahme bei Hunden*

Ängstlich? Furchtsam? Oder doch nur unsicher? Es gilt genau hinzuschauen, um Meideverhalten begrifflich richtig zu erfassen.

ÄNGSTE, FURCHT UND UNSICHERHEITEN

Wenn man davon ausgehen kann, dass wir Menschen zunehmend unter Stress leiden, können wir bedenkenlos diesen Umstand auch auf unsere Familienhunde übertragen. Da uns unsere Vierbeiner emotional außerordentlich nahestehen, dürfte es auf der Hand liegen, dass unsere persönliche Stimmung immer auch Auswirkungen auf die Stimmung unseres Hundes hat. Vor allem das Thema Stress macht uns Menschen immer wieder zu schaffen. Dabei wirken die sogenannten Stressoren (Reize, die letztlich den Stress verursachen) auf Menschen sehr unterschiedlich. Wenn wir heute die verbindliche Mitteilung erhalten würden, dass in wenigen Wochen die Welt untergehen wird, weil ein großer Komet auf die Erde zusteuert, wären wohl die allermeisten Menschen extrem gestresst. Dabei würde es wohl nur ein paar wenige Menschen geben, die sagen: „Aha, ist es also schon so weit; dann schau ich mal, dass ich es mir die nächsten Tage ganz besonders schön mache, einen Kometen kann ich ohnehin nicht aufhalten." Diese enorme Stressresistenz mag unglaublich klingen, aber es gibt tatsächlich Menschen, die in der Lage sind, so mit Stressoren umzugehen. Im anderen Extremfall würden Menschen einen schnellen Freitod wählen, weil sie sich außerstande sähen, die Zeit bis zum „Weltuntergang" lebend auszuhalten. Dazwischenliegend gäbe es Menschen mit Panik, Angst, Furcht und wildesten Gedanken zu einem möglichst sicheren Versteck. Stressoren lösen bei uns Menschen damit sehr unterschiedliche Reaktionen aus, je nachdem, mit wie viel innerer Stärke jeder einzelne Mensch den Stressoren begegnet. **Glücklich darf sich dabei der schätzen, der in seinem Leben eine hohe Stressresilienz (Widerstandskraft) erreichen konnte.** In allen Fällen aber, in denen diese Resilienz nicht vorhanden ist, kommt es zu sogenannten Stressantworten bzw. zu Stressreaktionen. Sollte ein Hundehalter zu den Menschen gehören, die im Alltag häufiger Stress empfinden und dabei über wenig Widerstandskraft verfügen, muss er wissen, dass sich in der Folge Ängste, Sorgen und Furcht breitmachen, denn das sind die unausweichlichen Folgen von negativem Stress. Dieser Umstand macht sich mittel- und langfristig auch im Verhalten seines Hundes bemerkbar. Sozial empfindsame Hunde vernehmen dabei gestresste Zweibeiner viel sensibler wahr als sozial autonome Hunde, die sich wenig bis überhaupt nicht vom Stress des Menschen anstecken lassen. Doch wir müssen vorsichtig sein, die Begriffe Angst, Furcht und Unsicherheiten zu vermischen. Denn der Teufel steckt auch hier wieder einmal im Detail. Die drei genannten Begriffe werden leider immer wieder wild durcheinandergeworfen, dabei ist es wichtig, klare Unterscheidungen zu treffen.

UNSICHERHEIT

Auf den Hund bezogen ist Unsicherheit im gezeigten Verhalten ein völlig normaler und unbedenklicher Aspekt. Wenn ein Vierbeiner vor einem Problem steht (Beispiel: ein Gitterrost, den er überqueren soll), traut er sich möglicherweise (noch) nicht, diesen einfach zu betreten. Er wirkt gehemmt und zaghaft, bevor er sich die ersten Schritte zutraut. Diese Form der Unsicherheit ist in vielen vergleichbaren Alltagssituationen nicht mehr als eine Garantie, dass ein Hund nicht von einem Unglück ins nächste stürzt. Situative Unsicherheit, wie beispielsweise beim Überqueren eines Gitterrostes, hat also zunächst nichts mit Furcht oder gar mit Angst zu tun. Es gilt also, den Unterschied zwischen Angst und Furcht darzustellen – siehe Kasten.

ANGST

= ungerichteter Gefühlszustand, der inhaltlich die Welterschließung im Ganzen betrifft (unspezifisch).

Um Angst zu haben, bedarf es keiner KONKRETEN Bedrohung. Der Gedanke an eine mögliche Bedrohung genügt.

FURCHT

= ein Gefühl KONKRETER Bedrohung! Reaktion des Bewusstseins auf eine gegenwärtige Gefahr (spezifisch).

Furcht ist rational begründbar und angebracht.
Meist begleitet von Schreckhaftigkeit.
Furcht motiviert, konkrete Abwehrmaßnahmen zu ergreifen:

Der Gefahr entgehen – FLUCHT
Der Gefahr entgegentreten – ANGRIFF

ANGST UND FURCHT

An individuell auftretenden Stressreaktionen lässt sich meist erkennen, ob nur Furcht oder Angst dominiert.

Zwei typische Beispiele aus dem Leben zweier Hunde zeigen den konkreten Unterschied zwischen Angst und Furcht.

AUS DER PRAXIS

Berner Sennenhund Paul tollt während des Spaziergangs wild umher, freut sich seines Lebens und genießt das Gassigehen mit seinem Frauchen. An einer Weggabelung erkennt Paul plötzlich einen herannahenden fremden Hund, der sich komisch anschleicht. Paul stockt sofort, bellt aufgeregt und klemmt seine Rute ein. Es gibt scheinbar nichts, was ihn in dieser Situation beruhigen könnte. Paul fürchtet sich, weil er im entgegenkommenden Hund eine vermeintliche Bedrohung wahrnimmt.

Eine scheinbare Bedrohung ist für Paul KONKRET erkennbar und deshalb müssen wir an dieser Stelle noch nicht von Angstverhalten sprechen. Verschwindet der andere Hund wieder, wird Paul wie zuvor wieder unbekümmert umhertollen.

AUS DER PRAXIS

Labrador Alex befindet sich auf einem Spaziergang. Dabei wirkt er sehr unruhig, schaut immer wieder in verschiedenste Richtungen und sein Frauchen hat das Gefühl, dass Alex sich vor irgendetwas Unbestimmtem ängstigt. Sie ahnt aber auch, dass Alex vermutlich deshalb so unruhig und verstört wirkt, weil er auf seinem Spazierweg bereits zweimal von fremden Hunden angegriffen wurde. Und obwohl gar keine Artgenossen in Sicht sind, scheint Alex ständig damit zu rechnen, dass irgendwo ein anderer Vierbeiner auftauchen könnte.

Für Alex gibt es KEINE KONKRETE Bedrohung. Ein Hund ist nirgendwo zu sehen. Doch er rechnet ständig damit, dass irgendwann ein Hund auftauchen könnte.
Angst ist somit eine viel stärkere Belastung für einen Hund als Furcht, weil sie einen wesentlich länger andauernden Druck auf das Stresssystem ausübt, als die vergleichsweise kurze Belastungsphase der Furcht.
In der Psychologie spricht man übrigens sogar von Angststörungen, wenn sich das Angstgefühl maßlos und nicht mehr angepasst ausdehnt und dadurch letztlich zu einer generellen Beeinträchtigung der Lebensqualität führt. Angststörungen werden nochmals u. a. unterteilt in

- spezifische Phobien (bestes Beispiel: Spinnenphobie beim Menschen)
- Panikstörungen (plötzliche Angstanfälle ohne konkreten Auslöser)
- soziale Angststörungen (Angst vor sozialer Aufmerksamkeit durch andere)
- Agoraphobien (Platzangst)
- Neophobien (Angst vor allem Neuen)
- generalisierte Angststörungen (Angst wird auf verschiedenste Bereiche übertragen)
- Trennungsangst (Angst vor dem Verlust einer Bezugsperson)

Dann gibt es noch die **posttraumatischen Belastungsstörungen (PTBS)**, denen in der Regel ein lebensbedrohliches Ereignis vorausgeht. Die PTBS nehmen jedoch eine Sonderstellung ein

Ein ängstlicher Hund sollte nicht sich selbst überlassen bleiben. Schwache Hunde brauchen Führung und vor allem Orientierung durch bzw. an ihren Menschen.

und zählen nicht zu den genannten Angststörungen, da eine konkrete Ursache (Erlebnis) vorhanden ist. Die Zahl der Hunde, die von sogenannten Angststörungen betroffen sind, haben nach unserer Einschätzung in den vergangenen Jahren deutlich zugenommen. Vor allem importierte Auslands-, bzw. Straßenhunde sind nicht selten von Angststörungen betroffen, was Fachleute nicht unbedingt verwundern dürfte.

Einer der gravierendsten Fehler im Umgang mit „Angst-Hunden" liegt übrigens in der Falschaussage, man solle ängstlichen Hunden unbedingt „Raum" geben. Das Gegenteil ist der Fall!

Vor allem Hunde mit generalisierten Angststörungen (Angst vor allem) können sich nicht wirklich stabilisieren, wenn wir ihnen permanent freien Raum in der Konfliktlösung lassen. Eine Stabilisierung im Verhalten klappt viel schneller, wenn wir solchen Hunden in Konfliktsituationen ruhige Bewegungsmuster vorgeben und vorleben. Stattdessen geistern manche Halter ängstlicher Hunde im Alltag umher, wie in einer schlechten Dogdance-Choreografie. Das aber hilft den Hunden kaum bis gar nicht. **Ein schwacher Hund braucht immer einen starken Menschen!** (Siehe hierzu auch La-Ko-Ko® ab S. 134 ff.)

Abschließend ist somit davon auszugehen, dass wir das Furchtverhalten eines Hundes nicht in negativer Weise überbewerten müssen. Sind keine Furcht einflößenden Stressoren vorhanden, ist der Hund nicht belastet. Ganz anders beim Hund mit Angstverhalten. Hier sind auch Belastungen vorhanden, ohne dass gerade ein erkennbarer, konkreter Anlass dazu besteht. Von Angst betroffene Vierbeiner brauchen häufig Hilfe durch den Menschen, weil sie es oftmals nicht allein schaffen können, aus der sogenannten „Angstspirale" herauszufinden.

Ängstlichen Hunden sollten wir keinen „Raum", sondern Führung und vor allem Orientierung geben.

AGGRESSIVES VERHALTEN

Der aggressionsfreie Hund könnte – auch aus züchterischer Sicht – ein Verkaufsschlager werden, ein Modell für die Zukunft sozusagen. Familienhunde, die nicht mehr pöbeln, nicht mehr knurren, drohen oder gar beißen – einfach nur lieb sind, nicht mehr und nicht weniger. Keine Sorge, das sind nicht unsere Gedanken, aber diese Gedanken sind in unserer Gesellschaft durchaus präsent.
Und die Träger solcher Gedanken scheinen nicht zu wissen, dass damit unser Sozialpartner Hund sein Dasein als Hund beendet. Diese armen Kreaturen müssten dann eine neue Bezeichnung erhalten und zur besonderen Kennzeichnung einen Knopf ins Ohr bekommen. Sieht zwar äußerlich aus wie Hund, ist aber keiner mehr drin! In der hoffnungsvollen Stimmung, dass derartige qualzuchtrelevanten Gedanken keinen Platz in unserer Gesellschaft erhalten, sollte festgehalten werden, dass **Aggressionsverhalten beim Hund ein Kernmerkmal dessen Sozialkompetenz darstellt.** Und das soll bitte auch so bleiben.

Deshalb entstehen auch „Grabenkämpfe“ zwischen Hundehaltern und auch zwischen Hundetrainern, wenn es um die Frage geht, wann ist die Aggression eines Hundes angepasst und angemessen, also quasi „normal“, und in welchen Fällen ist sie unangemessen und damit nicht „normal“. Dass Aggression immer aus Angst entsteht, ist übrigens Quatsch.
Zunächst sollte jedoch ohnehin die Frage stehen, was Aggression überhaupt bedeutet und wie dieser sehr gängige Begriff am zutreffendsten definiert wird.
Aggression ähnelt stark einem Werkzeug, das bevorzugt dort zum Einsatz kommt, wo sich der jeweilige „Nutzer“ einen persönlichen Vorteil verspricht. Sie kann sowohl einen emotionalen als auch einen rationalen Hintergrund haben. Genau dieser Umstand muss beim Umgang mit aggressiven Hunden ganz besonders berücksichtigt werden, um unter anderem methodisch wirksame Gegenmaßnahmen ergreifen zu können.

DIE VIELEN GESICHTER DER AGGRESSION

Betrachtet man die vielen verschiedenen und sehr komplexen Gesichter der hundlichen Aggression näher, so stößt man auf harmlose, spielerische, konstruktive und angemessene bzw. angepasste Modelle. Aber wir finden auch kritische, gefährliche, destruktive (zerstörerische) und unangemessene Modelle. Hundliche Aggression wird vielfach bagatellisiert, aber auch dramatisiert.

DEFINITION VON AGGRESSION

Bringt man die teilweise sehr unterschiedlichen Definitionen von Sozialpädagogen, Sozialpsychologen und Verhaltensbiologen auf einen insgesamt gemeinsamen Nenner, lautet das Ergebnis: Bei der Aggression handelt es sich zweifelsfrei um ein VIELZWECKVERHALTEN! Nur ein Wort, das völlig korrekt den komplexen Inhalt des Begriffes Aggression widerspiegelt.

Aggressionsverhalten ist enorm komplex und dessen Ursächlichkeit ausgesprochen vielschichtig.

AUSLÖSER VON AGGRESSION

Simpel ausgedrückt, kann grundsätzlich jeder innere oder äußere Reiz, der das Anpassungssystem für Stress aktiviert, auch Aggressivität auslösen. Zu den inneren Reizen zählen u. a. Schmerzen, Unwohlsein und generell negative Gefühls- und Erregungszustände. Äußere Reize sind meist unerwünschte soziale Einflüsse, die insbesondere von Artgenossen, aber auch von Menschen und anderen Tieren ausgehen können. In einer Analyse reicht es allerdings nie, den jeweiligen Auslöser für Aggressivität zu ermitteln. In fast allen uns bekannten Fällen führen sogenannte Multifaktoren dazu, dass die Aggressivität überhaupt zum Ausdruck kommt. Aggressivität ist bei jedem Individuum viel zu komplex organisiert, als dass nur der Auslöser dafür verantwortlich gemacht werden kann. In der Diagnostik ist der Auslöser meist offensichtlich, hingegen müssen weitere aggressionsfördernde Faktoren erst noch analytisch ermittelt werden.

Mittlerweile gilt auch als gesichert, dass sogar die Ernährung ein aggressionsfördernder Faktor sein kann. Eine falsche oder auch unangepasste Ernährung kann den Organismus eines Hundes gravierend belasten – und sich damit ganz sicher ebenfalls aggressionsfördernd oder gar -auslösend auswirken. Mittlerweile ist auch bekannt, dass sich u. a. bestimmte Aminosäuren in der Nahrung nachteilig auf Stresshormone auswirken können. Ein Beispiel hierfür ist die besonders im Rindfleisch zu findende Aminosäure Phenylalanin, die sich stress- und somit letztlich auch aggressionsfördernd auswirken kann. Kampfsportlern hilft übrigens Phenylalanin bei der Energieoptimierung und soll sie leistungsfähiger machen. Deshalb sollte bei bekanntermaßen aggressiven Hunden u. a. auf Rindfleisch in der Ernährung verzichtet werden.

Aggression durch Frustration ist nicht vergleichbar mit der sogenannten „Angst-Aggression".

AGGRESSIONSURSACHE ANGST ODER FURCHT

Die Aussage, ein Hund, der Aggressionsverhalten zeigt, sei immer ängstlich, ist völliger Nonsens! Klar kann bei einem Hund die „Antriebsfeder" für aggressives Verhalten auch Angst oder Furcht sein. In all diesen Fällen wird das Verhalten des Hunde durch die Stresshormone gesteuert. Den wesentlichsten Einfluss hat bei ängstlichen oder furchtsamen Hunden das Stresshormon Kortisol, das übrigens genau deshalb auch Angsthormon genannt wird. Weiterhin wirkt bei aggressiven Handlungen zusätzlich neben Adrenalin auch das Stresshormon Noradrenalin mit. Adrenalin ist für den inneren Erregungszustand des Hundes verantwortlich und Noradrenalin ist das sogenannte „Kampfhormon", das insbesondere bei aggressiven Angriffshandlungen zum Tragen kommt. Nun ist bekannt, dass der sogenannte Angstbeißer um seine körperliche Unversehrtheit und schlimmstenfalls um sein Leben fürchtet. Hier kann es in letzter Konsequenz zu einer sogenannten Selbstschutzaggression kommen. Als quasi letzte Wahl der Mittel setzt dieser

Vierbeiner das „Werkzeug“ Aggression ein, um sich und damit seine Gesundheit oder gar sein Leben zu schützen. Doch ganz gleich ob Angst oder Furcht, die genannten Stresshormone werden in beiden Bereichen aktiviert, lediglich die Wechselwirkung ist eine andere.

AGGRESSIONSURSACHE FRUSTRATION

Frustration lässt sich wohl am besten mit Unzufriedenheit, Wut oder Zorn beschreiben. Ursachen hierzu kann es viele geben. Da wären zum einen konkurrierende Faktoren, die sich aus territorialen Gegebenheiten oder aus typischen Ressourcenansprüchen, wie beispielsweise Futter oder Spielzeug, entwickeln können. Ein Konkurrieren kann aber genauso auch aus dem jeweiligen Bedürfnis an Privilegien entstehen, wenn z. B. zwei Hunde denselben Platz auf dem Sofa beanspruchen. Oder soziale Privilegien, wie z. B. die bevorzugt alleinige Nähe zu seinem Menschen. Bekannt sind ja weiterhin konkurrierende Elemente unter dem Einfluss von Sexualhormonen. Auch die Nichteinhaltung einer beanspruchten Individualdistanz durch einen respektlosen Artgenossen gilt als aggressionsauslösender Stressfaktor. Alle bisher genannten Stressfaktoren können Frustration erzeugen und Frustration ist bekanntermaßen auch ein Auslöser für Aggression. Frustration hat somit grundlegend nichts mit Angst zu tun, weil sich die jeweiligen Gefühlszustände stark unterscheiden!

DIE LUSTBEDINGTE AGGRESSION

Ein ganz anderes Gefühl ergibt sich aus einer Aggressionshandlung, die lustbedingt auftreten kann. Trotz Dementi vieler ideologisch ausgerichteter Hundemenschen gibt es diese Aggressionsursache selbstverständlich auch. Wissenschaftliche Belege aus der Säugetierforschung bestätigen, dass es den ausschließlichen Lustfaktor der Aggression gibt und wir treffen auch in unserer Praxis auf derartig veranlagte Hunde.

AUS DER PRAXIS

Mischling Billy wird von seinen Besitzern auch liebevoll „Rambo“ genannt. Er war schon in der Welpengruppe der Hundeschule auffällig geworden, da er sich liebend gern mit Artgenossen „geprügelt“ hatte. Da er aus allen Auseinandersetzungen als „Sieger“ hervorging, begannen die anderen Welpen die Nähe von Billy zu meiden. Letztlich bedeutete dies für Billy, dass ihm die Betreiber der Hundeschule den Zugang in die Welpengruppe nach ein paar wenigen Besuchen untersagten. Da sich Billy aber auch außerhalb der Hundeschule im Umgang mit Artgenossen weiterhin als prügelnder Rambo erwies, wurden letztlich die Kontakte zu anderen Hunden zunehmend reduziert.

In der Folge musste Billy auf seinen Spaziergängen sicherheitshalber an der Leine bleiben, wodurch sich noch zusätzlich Frustration entwickelte. Angst oder Respekt vor anderen Hunden hatte Billy nie. Aber er hatte offensichtlich große Lust, sich als Raufbold jeden Artgenossen vorzuknöpfen, der ihm in die Quere kam. Genau deshalb war Billys Spaziergang vor allem dadurch geprägt, dass er ständig nach anderen Hunden Ausschau hielt.

Einer der kritischsten „Stresscocktails“ ist übrigens die Mischung aus etwas Cortisol, viel Adrenalin und viel Noradrenalin. Das gleicht letztlich dem Kick, den auch viele Extremsportler wie z. B. Bungee-Springer haben. Es reift die Lust auf mehr! Ein Hund, der über einen längeren Zeitraum zahlreiche Erfolge mit aggressivem Angriffsverhalten verbucht, aktiviert nach und nach auch sein Dopaminsystem. Und Dopamin nebst Endorphinen (körpereigene Drogen) führen zu einem lusterzeugenden Gefühl, das weniger Angstgefühle als vielmehr Spaß und Freude erzeugen kann. Ein häufig übersehener Zusammenhang bei der Beurteilung von Aggressionsverhalten.

DIE SCHMERZBEDINGTE AGGRESSION

Das typischste Beispiel für eine schmerzbedingte Aggression tritt vergleichsweise häufig bei älteren Hunden auf, die aus scheinbar nicht erklärbaren Gründen und trotz hoher Sozialkompetenz ganz plötzlich Artgenossen attackieren, die eigentlich nur kommunizieren bzw. spielen wollen. Wenn die Knochen des alternden Hundes schon etwas marode werden, können schnelle Bewegungen, wie sie im spielerischen Umgang häufig auftreten, im schlimmsten Fall Schmerzen auslösen. Nicht selten assoziiert dann der betroffene Vierbeiner den auftretenden Schmerz mit dem Artgenossen, der gern mit ihm spielen möchte. Um weitere Schmerzempfindungen zu verhindern, kann es dann sogar sein, dass sich die aggressive Abwehr von herannahenden Hunden generalisiert. Das bedeutet, dass letztlich jeder Hund, der sich zu nahe heranwagt, abwehrend attackiert wird. Doch nicht nur die maroden Knochen, auch irgendwelche organischen Leiden, die Schmerzen auslösen, können zu schmerzbedingtem Aggressionsverhalten führen.

AGGRESSIONSPOTENZIAL UND RASSEZUGEHÖRIGKEIT

Es steht außer Frage, dass es bei der Bewertung von Aggressionspotenzial auch rassespezifische Unterschiede gibt. ABER: Ob und in welcher Ausgeprägtheit ein Hund auf sein jeweiliges Aggressionspotenzial zurückgreift, hängt weniger von der Genetik, sondern vielmehr von den Entwicklungs- und Lebensumständen bzw. -erfahrungen des Hundes ab. So haben verschiedene Gebrauchshund- und auch Terrierrassen sicher züchterisch bedingt ein vergleichsweise höheres Aggressionspotenzial als typische Familienhundrassen und dennoch können sie bei optimaler Haltung ein weitgehend aggressionsfreies Leben führen. Umgekehrt kann durch Missstände in Haltung und Erziehung auch ein Vierbeiner mit geringfügigerem Aggressionspotenzial zum sogenannten „Angstbeißer“ und somit zu einem aggressiv bissigen Hund werden. Dabei gilt zu bedenken, dass Aggression als solche noch gar kein Verhalten ist!

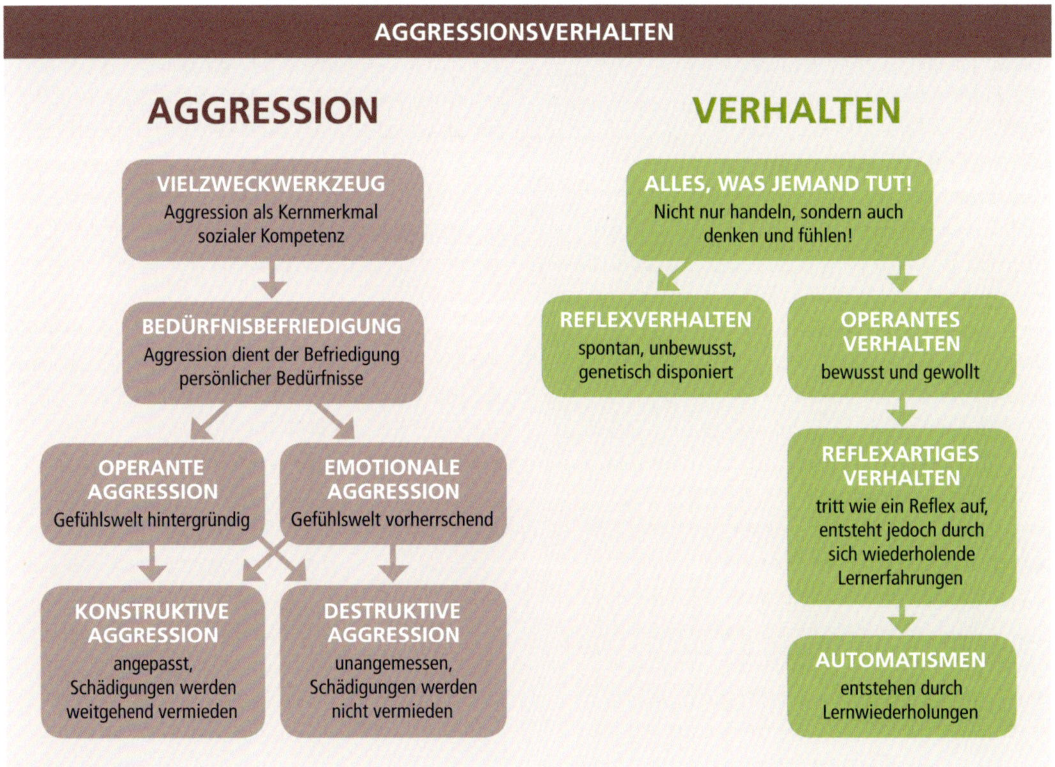

Grafik 1 zeigt zusammenfassend das Zusammenspiel zwischen Aggression und Verhalten.

Grafik 2: Hintergründe und Ausrichtung von Aggressionsverhalten sind enorm vielschichtig und variantenreich.

AGGRESSION IST KEIN VERHALTEN!

Genau genommen ist Aggression selbst noch kein Verhalten, sondern Aggression wird als Werkzeug in Verhaltensabläufe „eingebaut". Ein Werkzeug, das immer dann verwendet wird, wenn es einen bestimmten Nutzen verspricht. Genau aus diesem Grund ist es erforderlich, Aggression und Verhalten einmal komplett zu trennen und die Frage zu stellen, was eigentlich Verhalten ist.

In diesem Zusammenhang hat Christoph Bördlein, Professor für allgemeine und klinische Psychologie, eine schlichte, aber auch passende Definition für Verhalten: *„Verhalten ist alles, was jemand tut, also nicht nur handeln, sondern auch denken und fühlen."* Dabei wird grundsätzlich zwischen Reflexverhalten (angeborenem) und operantem (erlerntem) Verhalten unterschieden. Das Besondere dabei: Wird ein operantes bzw. erlerntes Verhalten sehr häufig und regelmäßig gezeigt, etabliert es sich zu einem „reflexartigen" Verhalten. Das Verhalten tritt dann zwar wie ein Reflex auf, ist aber keiner! Durch ständige Handlungswiederholungen ergeben sich quasi Automatismen, die unwillkürlich und unbewusst auftreten.

Ein gutes Beispiel bei uns Menschen ist das Autofahren. In der Fahrschule lernen wir „operant" und damit bei konzentriertem Bewusstsein, dass wir beim Rechtsabbiegen den Blinkhebel nach oben ziehen müssen, damit die rechten Blinker am Auto das Abbiegen ankündigen. Wer dann täglich mit dem Auto unterwegs ist, wird zunehmend feststellen, dass er den Blinkhebel automatisch – ohne darüber nachzudenken – nach oben zieht. Die komplette Bedienung eines Autos erfolgt nach einiger Zeit/Erfahrung – gesteuert durch unser Gehirn – quasi automatisiert und damit weitestgehend reflexartig.

Nun können Sie sich sicher vorstellen, was im Gehirn eines Hundes passiert, wenn er in aller Regelmäßigkeit und über einen längeren Zeitraum Aggressionsverhalten gegenüber fremden Artgenossen zeigt. Genau, er denkt nicht mehr darüber nach, er wägt nicht mehr ab, er zeigt uns stattdessen einen bereits automatisierten Handlungsablauf unter Einbeziehung der Aggression. Wie Sie Grafik 1 entnehmen können, wird bei aggressivem Verhalten zwischen operanter und emotionaler Aggression unterschieden. Ein weiteres Unterscheidungsmerkmal finden wir in der konstruktiven (nicht schädigenden) bzw. in der der destruktiven (schädigenden) Ausrichtung der Aggression. Wenn wir nun diese Faktoren zusammenführen, fehlt nur noch der defensive (verteidigende) oder der offensive (angreifende) Aspekt. Betrachten wir dazu Grafik 2, haben wir darin so ziemlich alles erfasst, was es bei der Beurteilung von Aggressionsverhalten zu berücksichtigen gilt. Alles, was wir im grünen Bereich finden, ist als Idealstatus anzusehen.

AUS DER PRAXIS

AGGRESSION IM GRÜNEN BEREICH

Akita-Rüde Akio mag es nicht, dass ihm Nachbarshund Leo, ein junger Labrador, immer wieder beim Spaziergang auf die Pelle rückt. Leo will ja eigentlich nur spielen, aber Akio will nicht spielen! Akio zeigt Leo unmissverständlich, dass er nicht spielen will. Er macht sich steif, knurrt drohend und zeigt Leo die Zähne. Der aber zeigt sich unbeeindruckt und nervt Akio einfach weiter. Da Leo die eindeutigen Signale von Akio nicht respektiert, packt dieser Leo blitzschnell am Genick, wirft ihn zu Boden und bleibt gleich danach mit drohender Mimik über dem am Boden liegenden Leo stehen. Leo weiß nun endlich, dass Akio überhaupt nichts von seiner „Anmache" hält und bleibt ruhig liegen. Akio knurrt noch einmal drohend, gibt Leo wieder frei und geht seines Weges. Leo ist völlig unverletzt und hat offensichtlich diese Lektion bestens verstanden. Er hört von diesem Moment an auf, Akio auf die Nerven zu gehen. Er hat keine Angst vor ihm, wohl aber Respekt!

Dieser Vorfall ist zweifelsfrei als ein sehr kompetenter Verlauf einer aggressiven Handlung zu bezeichnen. Das Aggressionsverhalten war DEFENSIV orientiert (lass mich in Ruhe), hatte eine OPERANTE Durchführung (bewusst, gezielt und dosiert) und war letztlich auch KONSTRUKTIV (keinerlei Verletzungen und Leo nervt nicht mehr).

AUS DER PRAXIS

AGGRESSION IM ROTEN BEREICH

Die Belgische Schäferhündin Nora trifft beim Spaziergang auf die Nachbarshündin Luna, eine 5-jährige Dalmatinerhündin. Nora gilt als unsozial und hat schon häufiger aggressive Angriffe auf andere Hunde durchgeführt. Bevor die Halterin von Nora die Leine am Halsband befestigen kann, rennt diese los und fällt über die über 20 Meter entfernt stehende Luna her. Nora packt die jetzt davonlaufende Luna am Hinterbein, reißt sie zu Boden und fügt ihr mehrere Bisswunden zu. Noras Halterin eilt hinzu und es gelingt ihr schließlich, Nora von der mittlerweile verletzten Luna zu trennen. Später beschreibt sie ihre Hündin als völlig hysterisch, wütend und „ausrastend". Sie sei extrem aufgewühlt gewesen und konnte sich minutenlang nicht mehr beruhigen. Luna war schwer verletzt worden, konnte aber nach der Wundversorgung beim Tierarzt wieder nach Hause. Sie hatte den Übergriff zum Glück ohne bleibende Schäden überlebt.

Die Aggressionshandlung der Belgischen Schäferhündin Nora war OFFENSIV, extrem EMOTIONAL und leider auch DESTRUKTIV (erhebliche Bissverletzungen bei Luna).
Beide Hunde in den Beispielen, sowohl Akio als auch Nora, haben aggressive Verhaltensweisen gezeigt. Im einen Fall sicher akzeptabel, angemessen und im Ergebnis nicht zu beanstanden. Im anderen Fall keinesfalls akzeptabel, unangemessen und nicht zu tolerieren!

BEISSHEMMUNG

Wie ist das mit der Beißhemmung? Diese Frage beantworten Fachleute ausnahmsweise in hoher Einigkeit. Grundsätzlich muss die Beißhemmung innerhalb einer sozialen Entwicklung erlernt werden. Sie ist somit nicht angeboren. Und dennoch treffen wir auch hierbei auf offensichtlich genetisch veranlagte Vierbeiner, die auch bei optimaler sozialer Entwicklung die Beißhemmung nicht (!) erlernen und dieses Defizit bereits in der frühesten Welpenzeit erkennbar wird. Solche Hunde sind verständlicherweise lebenslang als zumindest risikobehaftet zu bezeichnen.

DER MAULKORB

Das Hilfsmittel Nummer Eins ist in jedem Fall eine solide Maulkorbgewöhnung. Wie eine Studie (Ivonne Spitzley, Nicole Elsing, 2012) unter Beweis stellt, haben die allermeisten Hunde

Spielerische Gewöhnung an den Maulkorb …

… durch Lob, Leckerli und Futtertube.

im Falle einer positiven Gewöhnung ohnehin keine Probleme mit dem Tragen eines Maulkorbes. Auch die immer wieder hervorgehobene Kommunikationsschwäche des mit Maulkorb versehenen Hundes ist nicht gegeben. Nach unserer Erfahrung haben die Hundehalter meist die größeren Probleme, sich mit dem Gedanken des nun für jeden offensichtlich gefährlichen Hundes identifizieren zu müssen.
Wenn wir auf einen Hund treffen, der sich im roten Bereich (unangemessenes Aggressionsverhalten) befindet, gibt es in Sachen Trainingsplanung KEINE pauschalen Vorgehensweisen. Jeder einzelne Hund hat nicht nur einen individuellen Charakter, sondern auch eine individuelle Vorgeschichte. Und auch jeder Hundebesitzer hat eine individuelle und damit einzigartige Persönlichkeit, was in jeder Trainingsplanung ebenfalls zu berücksichtigen ist.

RECHTLICHE KONSEQUENZEN

Rechtlich sind bei bissig auffälligen Hunden alle denkbaren Konsequenzen erfasst. Wenn ein Hund einen Menschen beißt, können die Bestimmungen des Strafgesetzbuches (StGB) greifen. Hier stehen die sogenannten Körperverletzungsdelikte im Vordergrund. Daneben können zivilrechtliche Forderungen (Schadenersatz/Schmerzensgeld) geltend gemacht werden, die durch das Bürgerliche Gesetzbuch geregelt werden. Des Weiteren greifen individuelle Bestimmungen der unterschiedlichen Ländergesetze (Gesetze zum Umgang mit gefährlichen Hunden), an denen sich auch die kommunalen Behörden (meist Landratsämter) orientieren. Diese Behörden entscheiden dann auch im Einzelfall über entsprechende Auflagen wie Leinen- und Maulkorbzwang. Doch auch ganz ohne hundespezifische Gesetze können in besonders gelagerten Fällen Auflagen im Sinne der Polizeigesetze der Bundesländer erfolgen. Hierbei geht es allgemein um die Abwehr von Gefahren für die öffentliche Sicherheit und Ordnung.

FRUSTRATIONSTOLERANZ UND IMPULSKONTROLLE

FRUSTRATIONSTOLERANZ

Beide Begriffe, sowohl Frustrationstoleranz als auch Impulskontrolle, sind äußerst wichtige Begleiter im Leben unserer Hunde. **Frustrationstoleranz meint die Fähigkeit, mit Enttäuschungen, Entbehrungen oder Verlusten unterschiedlichster Art so umgehen zu können, dass der vermeintliche oder auch offensichtliche Nachteil verkraftbar erscheint.** Dabei geht es zunächst nur darum, die Enttäuschung auszuhalten. Gelingt dies nicht in ausreichender Weise, gilt die Lebensqualität als eingeschränkt, denn was nicht auszuhalten ist, löst unter anderem Trauer, Wut, Angst und Aggression aus. Sogar eine Depression kann einer unzureichenden Frustrationstoleranz folgen.
Nun kommen weder Menschen noch Hunde mit einer „eingebauten" Frustrationstoleranz auf die Welt, was nichts anderes bedeutet, als dass sie erst erlernt werden muss. Man weiß bei Hunden, dass die Frustrationstoleranz ab ungefähr der fünften Lebenswoche erlernt wird. Idealerweise leitet diese Lernprozesse die Hundemutter ein. Gleichzeitig sollte auch der Züchter beginnen, seinen Welpen derartige Lernvorgänge zu vermitteln.

FRUSTRATIONSTOLERANZ ERHÖHEN

Der Umgang mit der Frustration sollte bereits vor Besuch einer Welpenschule erlernt werden (Aufgabe des Züchters).

ERLERNEN DER FRUSTRATIONSTOLERANZ BEGINNT AB DER 5. LEBENSWOCHE

ÜBUNG FÜR DEN ZÜCHTER

Jeder gesunde Welpe wird der Verlockung eines wohlriechenden Leckerlis, das vor ihm liegt, von sich aus nicht widerstehen können. Lässt man seinem Begehren freien Lauf, wird er loslaufen und sich das Leckerli holen. Hindert der Züchter den Welpen durch Festhalten des Körpers am Loslaufen, entsteht in der Regel das Gefühl der Enttäuschung und damit auch Frustration. Nun kann es sein, dass der Welpe alles Mögliche unternimmt, um doch noch zum Ziel zu gelangen.
Er kann sich beispielsweise winden und drehen. Oder er schreit und schnappt vielleicht sogar um sich, um der Enttäuschung zu entgehen. Alles, was er aktiv unternimmt, sind Handlungen, die aus der Frustration heraus entstehen. Doch erst dann, wenn der Welpe seinen Widerstand aufgibt und für ein paar Sekunden zur Ruhe kommt, gibt ihn der Züchter frei. Schon nach wenigen Übungswiederholungen wird erkennbar werden, dass der Welpe mit derartigen Verlockungen im Falle einer Enttäuschung viel besser umgehen kann. Seine Frustrationstoleranz erhöht sich zunehmend! Der Umgang mit Enttäuschungen, Entbehrungen und Verlusten wird – auch übertragen auf andere Alltagssituationen – deutlich besser.
Genial ist in diesem Zusammenhang, was viele Hundemütter leisten, wenn sie ihren Welpen eine Erhöhung der Frustrationstoleranz vermitteln. Dabei überlassen sie scheinbar nichts dem Zufall.

AUS DER PRAXIS

ERHÖHUNG DER FRUSTRATIONSTOLERANZ

Die Mutter von vier Welpen, diese sind gerade mal sechs Wochen alt, spaziert mit einem Schweineohr im Fang durch den Garten. Sie ist schnell von ihren Welpen umringt. Offensichtlich hat sie aber nicht vor, den Kauartikel zu fressen oder vor den Welpen zu verstecken. Im Gegenteil, die Hundemutter zeigt uns ein Lehrbeispiel zur Erhöhung der Frustrationstoleranz ihrer Welpen.
Sie legt sich ziemlich zentral im Gartengrundstück ab und nimmt das Schweineohr zwischen ihre Vorderpfoten. Schnell nähert sich der erste Welpe an, um den Kauartikel näher zu inspizieren. Kurz vor dem Ziel vernimmt er drohende Knurrlaute seiner Mutter und blickt gleichzeitig auf die hochgezogenen Lefzen, wodurch ein Teil der oberen Zahnreihe sichtbar wird. Eine deutliche Warnung an den Welpen.
Die Neugierde des Welpen ist jedoch größer als die Ermahnung der Hundemama und so nähert er sich weiter an. Daraufhin schnappt die Mutterhündin blitzschnell nach ihrem Welpen, legt den Fang über seinen vorderen Körperteil und drückt ihn für einen kurzen Moment zu Boden. Selbstverständlich verletzt sie den Welpen dabei nicht. Dieses spontane erzieherische Reglementieren zeigt auch umgehend Wirkung! Der Welpe zieht sich etwas zurück und seine Enttäuschung ist ihm buchstäblich anzusehen. Die anderen drei Welpen haben alles beobachtet und halten deshalb von Beginn an etwas mehr Distanz zu ihrer Mutter. Keiner der vier Welpen traut sich näher als einen halben Meter an diese heran. Die Welpenmutter scheint zu wissen, dass ihre „Lehrstunde" erfolgreich verlaufen ist. Sie steht ruhig auf und spaziert gemächlich in Richtung Haus. Das Schweineohr lässt sie für ihre „Kinder" liegen und daran ist zu erkennen, dass es sich tatsächlich um eine „Trainingseinheit" gehandelt hat.

Bedürfnisse zu haben, ist völlig legitim, dabei aber auch Enttäuschungen zu erleben, ist mehr als wichtig. Ein fataler Gedanke: einem Hund jeden Wunsch erfüllen zu wollen, nur um ihn nicht zu enttäuschen. Immer nur Enttäuschungen zu erleben, raubt Lebensqualität. Immer nur erfüllte Bedürfnisse zu erleben, letztendlich aber auch! Der zuletzt genannte Umstand ist übrigens bei vielen (v)erzogenen Hunden erkennbar, die eine wertvolle Balance zwischen erfüllten und unerfüllten Bedürfnissen nie kennenlernen durften. Solche Vierbeiner kommen mit veränderten Bedingungen im Alltag, wie z. B. einem aus der Not entstandenen Besitzerwechsel, viel weniger klar als Hunde, die auch immer wieder mal Enttäuschungen erlebt haben und erst dadurch stabil werden konnten.

Viele Hundemütter leisten vorbildliche Erziehungsarbeit in Sachen Frustrationstoleranz und Impulskontrolle.

ES IST NIE ZU SPÄT!

Keine Sorge, mittlerweile gilt es auch als wissenschaftlich erwiesen, dass das Erlernen der meisten Dinge im Leben, also auch die Erhöhung der Frustrationstoleranz, bis ins hohe Alter möglich ist! Hierbei kommt auf Hundetrainer aber gleichzeitig ein schwieriger Aufgabenbereich zu. Ein Hund, der z. B. schon etwas in die Jahre gekommen ist und aufgrund seiner Vorgeschichte den optimalen Umgang mit Frustration nie erlernen konnte, muss in ganz kleinen Schritten und mit sehr viel Geschick auf den richtigen Weg gebracht werden. Am Ende aber kann man hierbei von weitreichenden Erfolgen bei den allermeisten Hunden sprechen. So viel zur Frustrationstoleranz, doch was genau ist eigentlich Impulskontrolle?

IMPULSKONTROLLE

Wem es gelingt, eigene Emotionen und Affekte kontrolliert selbst zu steuern – ohne den regulierenden Einfluss anderer einzubeziehen, der beherrscht in bestimmten Situationen seines Lebens die Impulskontrolle. Manche bezeichnen die Impulskontrolle richtigerweise auch als Affektkontrolle. Dass die Impulskontrolle nicht losgelöst von der Frustrationstoleranz gesehen werden darf, muss dabei klar sein. Eine gut funktionierende Selbstbeherrschung (Impulskontrolle) setzt schließlich eine entsprechend hohe Frustrationstoleranz voraus.

Der Einsatz der Impulskontrolle erfordert immer ein gewisses Maß an Intelligenz bei einem Hund. Damit ist aber in erster Linie nicht die logisch-mathematische Intelligenz (Wissen) erforderlich, sondern vielmehr die emotionale Intelligenz (aus dem Gefühl heraus). Zu kontrollieren gilt es ja Bedürfnisse oder gar Begierden, die der Gefühlswelt entspringen, und die Gefühlswelt bildet die Grundlage für Emotionen. Ein erstes Beispiel dazu zeigt, wie es einem Hund gelingt, mit anfänglicher Hilfe des Menschen, Impulskontrolle zu entwickeln und sich damit selbst zu beherrschen.

Egal, wie sehr sich ein Hund bei der Begrüßung freut, …

… Anspringen kann sehr lästig werden, weshalb man …

… schon mit Welpen die Impulskontrolle üben sollte.

AUS DER PRAXIS

Bobtail-Rüde Sultan ist erst ein Jahr alt und seit drei Monaten bei seiner neuen Halterin. Zuvor war er für kurze Zeit als ursprünglicher Fundhund im Tierheim. Niemand kannte also seine Vorgeschichte.
Seine hundeerfahrene Halterin hatte große Freude an dem jungen, freundlichen, aber auch ungestümen Vierbeiner. Ihr einziges anfängliches Problem: Sobald sie das Haus – meist nur für kurze Zeit – verließ und dann wiederkam, wurde sie von dem freudig erregten Sultan zur Begrüßung immer heftig angesprungen.
Niemand hatte Sultan wohl zuvor beigebracht, dass ein Anspringen nicht erwünscht ist. Da sie genug Erfahrung im Umgang mit Hunden hatte, gewöhnte sie ihm das Anspringen schnell ab, indem sie ihn konsequent mit den Händen an den Schultern nach unten drückte und dabei energisch „Sultan, Nein!" sagte.
Das hinterließ auch recht schnell Eindruck bei ihm und so setzte er sich eigenständig vor seinem Frauchen hin. Nach wenigen Sekunden wurde Sultan in der sitzenden Position gelobt und gestreichelt. Die Begrüßung gab es somit doch noch, aber eben in einer anderen Form. Bereits wenige Tage später kam Sultan nach der Rückkehr seiner Besitzerin angerannt und es war zu erkennen, dass er mit seinen Emotionen zu kämpfen hatte. Eigentlich wollte er am liebsten Frauchen anspringen, aber letztlich kam er – körperlich noch etwas unruhig – von selbst auf die Idee, sich doch besser vor seiner Halterin hinzusetzen. Denn schließlich hatte er gelernt, dass nur dieser Weg zum eigentlichen Ziel (Frauchen begrüßen) führen würde. Die von Sultan gezeigte Selbstbeherrschung ist letztlich das, was wir als Impulskontrolle bezeichnen.

Gehen wir davon aus, dass Sultan – entsprechend seiner Gefühlswelt – das Anspringen seiner Halterin als logische Konsequenz seiner enormen Wiedersehensfreude zeigt. Es ist das direkteste und eindeutigste Verhalten der Begrüßung. Ganz ohne Umwege zeigt Sultan seinem Frauchen, wie sehr er sich freut. Was Sultan vermutlich vorher noch nicht lernen konnte: Sein Verhalten gilt in der Gesellschaft von Menschen als unerwünscht! Dass das Anspringen eines Menschen als „falsch" oder auch „unerzogen" gilt, kann Sultan somit nicht „wissen". Die Halterin von Sultan will ja die freudige Begrüßung ebenfalls genießen können und gestaltet deshalb erzieherisch einen „Umweg", den Sultan von nun an einschlagen muss. Das eigentliche Ziel – die Begrüßung – wird dem Vierbeiner deshalb auch nicht verboten, sondern neu gestaltet. Der „Umweg" besteht darin, dass Sultan seine Emotionen so zu beherrschen lernt, dass er sich vor seinen Menschen hinsetzt und damit die gewollte Begrüßung in einer anderen Form stattfindet. Emotional steht bei Sultan nach wie vor das Bedürfnis des Anspringens. Die emotionale Intelligenz jedoch führt zur Selbstbeherrschung, denn Sultan hat gelernt, dass bei einem Anspringen die Begrüßung durch den Zweibeiner ausbleibt. Das ist letztlich die sogenannte Impulskontrolle, die unsere Hunde über ihre emotionale Intelligenz zu steuern wissen.
In der Hundeerziehung ist der Aufbau der Impulskontrolle einer der wichtigsten Wegbereiter für ein sozial angepasstes Leben. Die enorme Anpassungsfähigkeit unserer Familienhunde im Zusammenleben mit dem Menschen (und auch im Umgang mit Artgenossen) hat ihre Wurzel in der Fähigkeit, sowohl Frustrationstoleranz als auch Impulskontrolle erlernt zu haben. Ist im Einzelfall eine Anpassungsfähigkeit gegenüber Menschen oder Artgenossen trotz kompetentem Training nicht möglich, liegt die Ursache allzu häufig in einer Störung der Impulskontrolle. Im Fachbereich der klinischen Psychologie oder in der Psychiatrie wird diese Erkrankung als Impulskontrollstörung bezeichnet.
Zum Aufbau und auch zum Ausbau der Impulskontrolle folgen noch umfassende Erläuterungen und auch einige weitere Fallbeispiele (siehe ab S. 116 ff.).

Die gute Laune des Menschen, dessen Fröhlichkeit und Heiterkeit garantieren eine positive Stimmungsübertragung auf den Hund.

WIE SICH DIE STIMMUNG AUF DEN HUND ÜBERTRÄGT

Der Begriff Stimmungsübertragung wird – vereinfacht ausgedrückt – auch als Handlungsangleichung bezeichnet. Fachspezifisch ist die Stimmungsübertragung unter allelomimetisches Verhalten zu finden. Ein Individuum überträgt unbewusst auf ein anderes Individuum eine gegenwärtige emotionale Struktur. Diese Übertragung führt dann häufig zu einer Angleichung von Verhaltensweisen. Damit muss klar sein, dass die „innere" Stimmung eines Hundehalters grundsätzlich Einfluss auf die „innere" Stimmung seines Hundes nimmt. Die Stimmungsübertragung darf allerdings nicht mit dem Begriff Nachahmung verwechselt werden, denn Nachahmung ist ein Lernprozess, bei dem neue bzw. veränderte Fähigkeiten erworben werden. Nachahmung ist damit ein operanter (durch Bewusstsein gesteuerter) Vorgang, bei dem Handlungen beobachtet und daraufhin übernommen werden. Eine Stimmungsübertragung entzieht sich weitestgehend dem Bewusstsein, sie dringt in den emotionalen Bereich ein und verändert dadurch die Wahrnehmung bestimmter Ereignisse in positiver oder auch negativer Weise. Ein typisches Beispiel aus der Praxis soll zeigen, welche Auswirkungen eine Stimmungsübertragung haben kann.

AUS DER PRAXIS

Mischling Frodo hat Probleme! Die Hundebegegnungen auf seinen Spaziergängen mit Frauchen oder Herrchen machen ihm zu schaffen. Er hat schon öfter schlechte Erfahrungen mit rüpeligen Artgenossen gemacht und fürchtet sich zunehmend vor anderen Hunden.
Seine Halterin berichtet uns gegenüber: „Wissen Sie, wenn Frodo mit mir unterwegs ist, reagiert er besonders schlimm auf andere Hunde. Er zittert am ganzen Körper, bellt, zerrt extrem an der Leine und will einfach nur weg. Ich bin schon selbst mit den Nerven ziemlich runter und habe bei jedem Hund, der irgendwo auftaucht, fast schon Panikattacken. Wenn mein Mann mit ihm geht, ist er zwar auch aufgeregt, aber bei Weitem nicht so ängstlich, wie das mit mir zusammen der Fall ist."
Nach einer gründlichen Schilderung der problematischen Ausgangslage haben wir uns als beratende Hundetrainer Frodo in einer Hundebegegnung in angeleintem Zustand näher angeschaut. Einmal allein mit Frauchen und einmal allein mit Herrchen, in beiden Fällen an der Leine geführt. Tatsächlich war der von der Halterin geschilderte Unterschied deutlich zu erkennen.
Was jedoch besonders auffällig war: die ausgesprochen hohe Nervosität und innere Unruhe neben einer verkrampft wirkenden Körperhaltung bei der Halterin. Die extrem flache und schnelle Atmung fiel ebenfalls auf. Ihre Hand hielt die Leine krampfhaft und mit rudernden Bewegungen fest. Ihr Mann ging deutlich entspannter und führte Frodo stoisch wirkend an dem entgegenkommenden Hund vorbei. Die gestraffte Leine hielt er sicher und fest in der am Hosengürtel angelegten Hand.

Jedem erfolgsorientierten und kompetenten Hundetrainer ist natürlich sofort klar, dass die Trainingsplanung in allererster Linie nicht auf den Hund, sondern auf den Hundehalter abgestimmt werden muss.

Ganz gleich, wie sehr wir uns auch bemühen würden, Frodo zu stabilisieren: Es könnte nicht wirklich gelingen, solange er den negativen Auswirkungen der Stimmungsübertragungen durch seine Halterin ausgesetzt ist. Das Trainingsziel muss einfach sein, die Hundehalterin so zu stabilisieren, dass sie künftig entspannter und gelassener bei Hundebegegnungen auftreten kann.

UNTERSCHIEDLICHE ZUGÄNGLICHKEIT

Festzuhalten bleibt noch, dass es Hunde mit extrem hoher sozialer bzw. emotionaler Sensibilität gibt, die unglaublich deckungsgleich auf Stimmungsübertragungen reagieren. Emotionale Unruhe oder auch Unsicherheit des Halters überträgt sich bei solchen Hunden eins zu eins auf deren Emotionalität. Aber es gibt auch das Gegenteil. Wir treffen auch auf Hunde mit emotional autonomem Verhalten. Das sind Vierbeiner, bei denen zu keinem denkbaren Anlass eine Stimmungsübertragung beobachtet werden kann. Das bedeutet, sie zeigen eine hohe und völlig losgelöste Authentizität. Das macht ein Training aber nicht unbedingt einfacher, denn solche Hunde zeigen in der Regel auch eine vergleichsweise geringe Zugänglichkeit auf sozialer bzw. auf emotionaler Ebene.
Überleitend in das nächste Kapitel bleiben wir ganz einfach einmal bei den sozialen und damit auch emotionalen Fähigkeiten und Bedürfnissen unserer Vierbeiner. Wir reden ja häufig über Bindung und Beziehung, wenn es um das Zusammenleben zwischen Menschen und Hunden geht. Dabei sind sich Mensch und Hund in der Zeitgeschichte noch nie so nahe gewesen wie heute. Dieser Umstand ist auf der einen Seite sehr erfreulich, scheint doch der Hund eines der letzten Bindeglieder zwischen uns Menschen und einer immer mehr entrückten Natur zu sein. Auf der anderen Seite kann dieser Umstand auch zur Qual werden. Sowohl für unsere Hunde als auch für die Menschen, die sie durchs Leben begleiten.

SOZIALE BEDÜRFNISSE

— *Was unsere Hunde brauchen*

LIEBE UND ANERKENNUNG

Mensch und Hund sind sich ja bekanntermaßen in den vergangenen zigtausend Jahren bis zum heutigen Tag unglaublich nahe gerückt. Die Verbundenheit des Menschen zu einem Vertreter aus dem Tierreich hat Dimensionen angenommen, die unseren Blick auf den Sozialpartner Hund neu justieren sollte.
Unter Einbeziehung der bereits genannten wissenschaftlichen Forschungsergebnisse zur emotionalen Intelligenz des Hundes dürfen wir tatsächlich davon ausgehen, dass nicht nur wir fähig sein können, unsere Hunde zu lieben. Nein, auch unsere Hunde sind fähig, ihre Menschen zu lieben.
Und das auf einer ähnlichen Gefühlsebene, wie sie auch uns gegeben ist.

WAS IST LIEBE?

Liebe ist ... genau genommen nicht wirklich zu definieren. Jeder Mensch dürfte zum Thema Liebe seine eigene und damit persönliche Interpretation haben.
Doch die allermeisten Interpretationen weisen gewisse Schnittstellen auf. Und diese Schnittstellen finden wir sicher nicht in „sozialer Abhängigkeit", „emotionaler Leidenschaft" oder „körperlichem Begehren" bzw. Sexualität.
Dass Menschen lieben können, bezweifelt wohl niemand. Kritischer hingegen ist die Behauptung zu werten, dass auch Tiere fähig sein könnten, in gleicher Art zu lieben, wie das die Menschen untereinander tun.
Betrachten wir dabei die genannten Schnittstellen einmal näher, werden wir schnell feststellen, dass Hunde sowohl untereinander als auch Familienhunde gegenüber ihren Menschen die identischen Sehnsüchte aufweisen. Soziale Nähe, Geborgenheit, Verlässlichkeit, Vertrauen, Respekt, Verbundenheit, Toleranz und auch Vergebung sind hohe emotionale Werte, die – nachweislich – keine Alleinstellungsmerkmale des Menschen sind.
Hunde, die eng mit ihrem Menschen zusammenleben, zeigen diesem gegenüber sämtliche Eigenschaften, die mit diesen genannten Liebes-Begriffen verbunden sind. In diesem Zusammenhang stimmt die Aussage, dass Hunde eben auch nur „Menschen" seien.

EIN HUND IST EIN HUND ...

Und NEIN, wir wollen und werden deshalb den Hund nicht auf eine Stufe mit dem Menschen stellen. Ein Hund soll immer ein Hund sein und bleiben und der Mensch muss auch im Zusammenleben mit dem Hund kein solcher werden.
Dennoch muss jedem Hundehalter bewusst sein, dass an seiner Seite ein vierbeiniges Wesen lebt, dessen emotionale Welt kaum Unterschiede zur emotionalen Welt des Menschen aufweist.
Damit muss einfach klar sein: Ein Hund ist kein „Deko-Gegenstand", kein „Prestige-Objekt", kein „Sportgerät" und schon gar kein funktionales „Spielzeug" für die Kinder, sondern ein emotional einzigartiger und hochwertiger Partner aus dem Tierreich.
Menschen, die den Begriff Liebe richtig interpretieren, geben und nehmen Liebe in einem gesunden Verhältnis. Sie schaffen eine Balance im Zusammenleben, die absolut bereichernd für die jeweilige Lebensqualität sein kann.

Liebe ist – mittlerweile zweifelsfrei erwiesen – auch in der Gefühlswelt unserer Hunde heimisch!

Liebe ist in der Sehnsucht nach Nähe, Geborgenheit, Verlässlichkeit, Vertrauen, Respekt, Verbundenheit und auch in Toleranz und Vergebung zu finden.

FEHLINTERPRETATION VON LIEBE

Doch es gibt leider viel zu viele Menschen, die im Umgang mit ihrem Hund den Begriff Liebe fehlinterpretieren. Die einen tun alles, um den Vierbeiner von ihrer Liebe zu überzeugen und übersehen völlig, dass sie ihn emotional einengen oder gar erdrücken. Anstelle von z. B. Verbundenheit oder Respekt, entstehen so schnell Distanz oder Respektlosigkeit. Andere Menschen wiederum verwechseln Liebe mit „Hiebe" und glauben, dass eine ausschließliche Autorität dem Hund gegenüber Vertrauen oder Verlässlichkeit ergeben kann. Stattdessen säen sie Misstrauen oder Orientierungslosigkeit.

Die meisten Menschen schätzen glücklicherweise Ausgewogenheit in Sachen Liebe, unsere Hunde ebenso! Ein ganz besonderes Augenmerk verdient neben der Liebe auch die soziale (!) Anerkennung.

Vorsicht! Leistung nur mit Leckerli zu belohnen, kann soziale Entfremdung nach sich ziehen.

ANERKENNUNG

Bei dem allgemein gehaltenen Begriff Anerkennung müssen wir uns strikt in zwei sehr unterschiedliche Denkrichtungen bewegen. Anerkennung eines bestimmten Verhaltens durch materiell ausgerichtete Würdigung ist etwas ganz anderes, als die Anerkennung eines Verhaltens durch soziale Würdigung.

MATERIELLE ANERKENNUNG

Wir Menschen machen unseren Job und bekommen dafür monatliche eine finanzielle „Belohnung" für das, was wir tun. Diese Form der Belohnung hat nichts mit unserer Persönlichkeit zu tun, sondern ausschließlich mit der Leistung, die wir erbringen.
Diese materielle Anerkennung ist unverzichtbar, wenn wir einen gewissen Lebensstandard und damit auch unsere Lebensqualität erhalten wollen. Im übertragenen Sinn sehen leider auch heute noch viele Hundehalter und auch Hundetrainer das beste Konzept zur Belohnung ihrer Hunde für erwünschtes Verhalten im Verabreichen von Leckerli.

Sie setzen somit auf materielle Anerkennung und generieren damit nicht mehr und nicht weniger als eine „Funktionalität" ihres vierbeinigen Sozialpartners. Wie bei einem Auto, Benzin tanken und los geht es.

AUS DER PRAXIS

Schäferhund Kalle ist sechs Monate alt und befindet sich zum ersten Mal zum Thema Früherziehung in der Hundeschule. Seinem Halter wurde bereits vor dem ersten Besuch der Hundeschule durch den Kursleiter telefonisch mitgeteilt, dass er unbedingt Leckerli mitbringen soll. „Und bitte nicht zu wenig ...", war die Aufforderung.
In der Übungsstunde wurde dann immer wieder betont, dass unbedingt jedes erwünschte Verhalten sofort mit einem Leckerli zu belohnen sei. „Sitz" – Leckerli, „Platz" – Leckerli, „Hier" – Leckerli oder auch „Bei-Fuß" – Leckerli. Kalles Halter musste zum Ende der Übungsstunde eingestehen, trotz anders erfolgter Bitte, viel zu wenig Leckerli dabeigehabt zu haben.

Die streichelnde Hand als soziale Anerkennung.

Klar wurde auch darauf geachtet, eine soziale Anerkennung (verbales Lob) in die Belohnung einfließen zu lassen. Das soziale Lob war jedoch eher eine Randnotiz wert, denn außer einem abgedroschen klingenden „Suuupi" war sozial kaum etwas geschehen. Was kaum einer merkte: Die soziale Anerkennung hatte überhaupt keine Wirkung, weil in dieser Phase für Kalle die Attraktivität der materiellen ganz erheblich über der sozialen Belohnung lag.

Klar gab es später auch das Modell der variablen Belohnung, die in Fachkreisen auch intermittierende Belohnung genannt wird. Das heißt, Kalle wurde nicht mehr für jedes erwünschte Verhalten belohnt, sondern nur noch gelegentlich. Diese variable Belohnung wird auch gern „Spielautomaten-Prinzip" genannt. Die Faszination des Spielautomaten liegt ja genau darin, dass ein Gewinn zwar in Aussicht gestellt wird, aber der Spieler weiß nie genau, wann die Belohnung kommt. Das erhöht die Attraktivität des Spielautomaten enorm! Und Kalle hatte ja jetzt seinen zweibeinigen „Futterautomaten" dabei, der „Gewinne" auswarf, wie eben der besagte Spielautomat.

Kalle entwickelte sich so zum Musterschüler – auf dem Hundeplatz. Zu Hause und im Alltag jedoch wollte Kalle kein Musterschüler sein. Seinem Halter fiel dabei auf, dass Kalle auf die verbale Belohnung „Suuupi" nur dann reagierte, wenn dieses Hörzeichen mit einem Leckerli verbunden wurde. Ohne Leckerli waren im Alltag erzieherische Übungen kaum noch abrufbar. Die Begründung für das Dilemma ist logisch. Kalle hatte keinen sozialen Fokus mehr, sein Halter als Beziehungspartner war in vielerlei Hinsicht bedeutungslos geworden. Vor allem wenn es darum ging, erlernte Erziehungselemente abzurufen, war die materielle Anerkennung untrennbar damit verbunden.
Ohne Leckerli keine Leistung!

SOZIALE ANERKENNUNG

Wenn ein Mensch seinen Job gut macht, bekommt er dafür seine finanzielle „Belohnung". Das hatten wir ja bereits unter materieller Anerkennung verbucht.
Wenn dann zwischendurch der Personalleiter auftaucht, dem Mitarbeiter die Hand auf die Schulter legt und sagt: „Also eines muss ich mal loswerden, Sie machen eine verdammt gute Arbeit", dann passiert etwas ganz Besonderes. Es handelt sich bei dieser Aussage um eine soziale Anerkennung, die nicht nur die Leistung des Mitarbeiters verbessern dürfte. Diese besondere Art der Wertschätzung löst ein enormes Gefühl von Zufriedenheit und Stolz aus.
Die monatlich erfolgende finanzielle Entlohnung und damit die materielle Anerkennung gilt als selbstverständlich und obligatorisch. Emotionale Freude und damit verbunden eine erhöhte (emotionale) Lebensqualität ergibt sich daraus aber nicht. Die soziale Anerkennung hingegen wühlt positiv auf, macht stolz und setzt im Mitarbeiter ganz neue Energien frei, die ihn seine Arbeit noch aufmerksamer, zuverlässiger und mit viel mehr Freude erfüllen lässt.

Ein harmonisches Miteinander setzt immer eine hohe soziale Wertigkeit des Beziehungspartners voraus.

Ein tolles Gefühl, wenn der Chef kommt und soziale Anerkennung walten lässt.
Dieses Beispiel lässt sich natürlich auch auf Selbständige bzw. Arbeitgeber übertragen, wenn deren Mitarbeiter die Qualitäten und Leistungen der „Chefs" besonders hervorheben. Oder nehmen wir den Lehrer, dessen Schüler zu erkennen geben, dass sie ihn besonders mögen.
Die Antwort auf die Frage, warum wir die materielle Anerkennung bei unserem Hund so in den Vordergrund stellen, dürfte einfach sein: Weil wir Menschen in einer extrem materiell und weniger sozial orientierten Gesellschaft leben und weil es zudem einfacher ist, einem Hund ein Leckerli in den Rachen zu werfen, als ihm zielgerichtet soziale Anerkennung zukommen zu lassen.
Es ist definitiv komplizierter, soziale Anerkennung so zu gestalten, dass die eigene Attraktivität auf hohem Niveau bleibt, als den Hund durch materielle Belohnung funktional zu machen. Doch der Aufwand lohnt sich! Denn Hunde, die durch ihre Zweibeiner regelmäßig soziale Anerkennung im Alltag erfahren, sind letztlich im Vergleich immer auch die Vierbeiner mit der höheren Lebensfreude. Und das sollte immer auch unser Ziel sein.

AUS DER PRAXIS

Der kniehohe Mischling Alex war vor wenigen Monaten aus dem Tierheim gekommen und hat sich innerhalb kürzester Zeit prima bei Familie Schumann eingelebt. Alles, nein, fast alles schien mittlerweile perfekt zu sein.
Was als Einziges irgendwie nicht wirklich funktionieren wollte: Alex fürchtete sich, die offene Treppe zwischen unterer und oberer Etage zu begehen. Meistens wurde er deshalb hochgetragen. Auch ein Locken mit schmackhaften Leckerli brachte keine wirkliche Besserung. Eine Hundetrainerin wurde deshalb ins Haus eingeladen, um Ideen für eine Stabilisierung von Alex beim Treppensteigen zu erhalten. Sie stellte sehr schnell fest, dass sich Alex ganz allgemein sozial deutlich besser motivieren ließ als durch ein Anbieten von Leckerli. Deshalb erstellte sie einen Trainingsplan, der das bestehende Problem tatsächlich lösen konnte.
Frau Schumann setzte sich in der unteren Etage zunächst auf die dritte Treppenstufe und befand sich damit Alex zugewandt, der vor der Treppe stand. Von dort aus sollte sie Alex auf keinen Fall locken, sondern einfach ruhig sitzen bleiben und ihn dabei auf keinen Fall anstarren. Alex schien verwundert und stellte sich mit seinen Vorderpfoten neugierig auf die allererste Treppenstufe. Dieser erste Schritt wurde theatralisch gefeiert, indem Frau Schumann Alex motivierend lobte: „Wow, das hast du ja toll gemacht, was bist du nur für ein toller Hund. Klasse, Prima, einfach nur toll, wie du das geschafft hast."
Alex war erkennbar stolz, was er durch seine fast schon majestätisch wirkende Körpersprache und durch ein Wedeln mit seiner Rute zweifelsfrei mitteilte. Dann aber war seine Halterin wieder ganz ruhig und achtete vor allem darauf, ihren Vierbeiner nicht zu locken. Wenige Augenblicke später erreichten die Vorderpfoten von Alex die zweite Treppenstufe. Und erneut sparte sein Frauchen nicht mit sozialer Anerkennung. Alex schien diese Form der Kooperation enorm zu genießen. Da er ohnehin ein typischer „Will to please"-Hund (ein Hund, der anderen gefallen möchte) ist, war die theatralisch vorgetragene soziale Anerkennung offensichtlich der richtige Schlüssel zum Erfolg. Innerhalb weniger Übungstage begann Alex die Treppe – anfangs noch in Begleitung seiner Halterin – freiwillig zu begehen.

Vor diesem neuen Trainingsweg hatte die Halterin von Alex nicht auf dessen Eigeninitiative gewartet, sondern immer wieder versucht, ihn durch freundliches Ansprechen und mit Leckerli zu locken. Alex wurde deshalb auch immer misstrauischer, denn schließlich war das Locken ja immer in Verbindung mit der von ihm ungeliebten Treppe verbunden worden.
Übrigens hat eine gute Beziehungsqualität ihre Wurzeln immer im sozialen bzw. im emotionalen Raum und nicht in der Verwendung von materiellen Hilfsmitteln.

Warum finden wir in der Hundeerziehung so viele Wege für eine materielle Anerkennung und blenden dadurch die viel wertvollere soziale Anerkennung aus?

BEZIEHUNG IST WICHTIGER ALS BINDUNG

Immer wieder kommt es zu Irrungen und Wirrungen, wenn bei Hundehaltern das Thema „Beziehung“ oder auch „Bindung“ zur Sprache kommt.

— Wann sprechen wir von einer „guten“ Beziehungsqualität?
— Warum gibt es im Gegensatz hierzu keine „gute“ oder „schlechte“ Bindung?
— Was hat Bindung überhaupt mit Beziehung zu tun?
— Kann eine Beziehung überhaupt „gut“ sein, wenn gleichzeitig keine Bindung vorliegt?
— Oder kann eine Bindung sehr intensiv und damit eng sein, obwohl die Beziehung „schlecht“ ist?

So kompliziert die eine oder andere Frage auch erscheinen mag, so einfach sind die jeweiligen Antworten. Einzige Voraussetzung: man weiß, was hinter den Begriffen BEZIEHUNG und BINDUNG genau steckt.
Dazu in komprimierter Weise die sehr unterschiedliche Bedeutung der beiden Begriffe.

BEZIEHUNG IST ...

... der Umgang zwischen zwei oder mehreren Individuen, die mehr oder weniger regelmäßig miteinander kommunizieren, interagieren, sich austauschen, gleiche Ziele verfolgen, über gegensätzliche Ziele streiten, in materieller Abhängigkeit voneinander stehen und vieles mehr. Soziale bzw. emotionale Abhängigkeiten sind nicht zwingend Kernmerkmale einer Beziehung. So stehen auch beispielsweise Dealer und Junkie in einem rein materiellen Beziehungsverhältnis zueinander (Drogen/Geld). Auch Arbeitgeber und Arbeitnehmer stehen in der Regel durch ein Beschäftigungsverhältnis in einem materiellen Beziehungsverhältnis. Vereine und Verbände schaffen Beziehungsverhältnisse unter den Mitgliedern. Diese sind nicht in erster Linie materiell, sondern häufig ideell. Und auch hier gilt: All diese „Beziehungskisten“ können frei sein von sozialen und emotionalen Abhängigkeiten. Sie haben somit erst einmal nichts mit einer Bindung zu tun.

BINDUNG IST ...

... völlig losgelöst von materiellen oder ideellen Aspekten auf der Basis einer emotionalen „Verbindlichkeit“ zu sehen. Soziale Anhänglichkeit bis (im schlimmsten Fall) rigorose Abhängigkeit kennzeichnet die Bindung zwischen zwei Individuen. Der Einzelne sucht die Nähe zu seinem Bindungspartner um seiner selbst willen. Materielle Aspekte sind höchstens nebensächlich. Und wenn der Bindungspartner nicht zur Verfügung steht, wird er vermisst. Ein ganz wichtiger Aspekt der Bindungstheorie! Die Trennung von „meinem“ Bindungspartner berührt „mich“ (emotional) und deshalb suche „ich“ Wege der Annäherung.
Bei der Einschätzung von Mensch-Hund-Beziehungen müssen wir immer beide Aspekte – BEZIEHUNG und BINDUNG – berücksichtigen, wenn wir zu einem glaubwürdigen Beurteilungsergebnis kommen wollen.

BINDUNGSTHEORIE

Eine der bekanntesten Grundlagen der Bindungstheorie stellt der sogenannte „Ainsworth Strange Situation Test“ (1969) von Mary Ainsworth (1913 – 1999), ehem. kanadische Kinderpsychologin, dar.
Dieser standardisierte Test wird bei Kindern durchgeführt, die etwa 12 bis 20 Monate alt sind. Mittlerweile wird, bzw. wurde dieser Test auch von Ádám Miklósi, Professor für Ethologie an der ELTE-Universität in Budapest, mit Hunden durchgeführt.

Eine Vergleichbarkeit der sozialen Fähigkeiten zwischen Kleinkindern und Hunden stellt dabei heutzutage niemand mehr in Abrede. Interessant an den Forschungsarbeiten von Mary Ainsworth ist die daraus resultierende Erarbeitung von unterschiedlichen Bindungstypen (Grafik, S. 98).
In den allermeisten Fällen geht einer wachsenden Bindung ein Aspekt der Beziehung voraus. Dieser Aspekt hat natürlich emotionale Inhalte. **Aus Sympathie im Rahmen einer Beziehung erwachsen Zuneigung, Verbundenheit, Liebe und soziale Anhänglichkeit – so wird aus Beziehung soziale Bindung.**

Soziale Nähe und Vertrautheit setzen keine Bindung voraus, allerdings kann eine Mensch-Hund-Beziehung durch Bindung durchaus optimiert werden.

BINDUNGSTYPEN

SICHERE BINDUNG

Kernmerkmale:

- Zuverlässigkeit
- Verfügbarkeit
- Ausgeglichenes Nähe-Distanz-Verhalten
- Angemessene Trennungsreaktion
- Harmonische Interaktion/ Kommunikation
- Optimierte Stressregulierung
- Soziale Nähe bewirkt Stressreduzierung

UNSICHER-VERMEIDENDE BINDUNG

Kernmerkmale:

- Ablehnung körperlicher Nähe zum BP
- Stresssymptome bei Trennung
- Distanzorientiert bei Anwesenheit des BP
- „Pseudo-unabhängig"
- Ausbleibende Annäherung bei Konflikten an den BP
- Konfliktmanagement bevorzugt ohne BP

UNSICHER-AMBIVALENTE BINDUNG

Kernmerkmale:

- Widersprüchlichkeit bei Kontaktaufnahme zu BP
- Tendenzen zu intensiver Annäherung aber auch Distanzbestreben gegenüber BP
- Keine Stressreduzierung bei Nähe des BP
- Gleichzeitige Anhänglichkeit und Aggression gegenüber BP

DESORGANISIERTE BINDUNG

Kernmerkmale:

- Soziale Desorientierung gegenüber BP
- Verhalten gegenüber BP nicht vorhersagbar, berechenbar
- BP gilt als nicht oder wenig zuverlässig und/ oder verfügbar
- Allgemeine Hilf- und Orientierungslosigkeit
- Im Einzelfall Aufzeigen von Stereotypien

Unterschiedliche Bindungstypen auf der Grundlage des sogenannten „Ainsworth Strange Situation Tests"; BP = Bindungspartner

FAKTOREN EINER GUTEN BEZIEHUNG

Die Beziehung zwischen Mensch und Hund wird vornehmlich über Kommunikation bzw. Interaktion gesteuert. Es werden gegenseitig Informationen ausgetauscht und dabei gibt es immer einen sogenannten Sender und einen sogenannten Empfänger.

So ruft beispielsweise der Mensch (Sender) seinen Hund (Empfänger) zu sich heran, um mit ihm sozial zu spielen. Der Vierbeiner folgt dieser Einladung, eilt heran und lässt sich auch auf das Spiel ein.

Idealerweise tauschen nun die beiden Spielpartner immer wieder ihre Rollen im Spiel. Einmal gibt der Hund die Richtung vor (Sender) und macht den Zweibeiner zum Empfänger. Dann wieder bestimmt der Mensch das Spiel (Sender) und der Vierbeiner wird zum Empfänger.

Wenn es im sozialen Spiel gelingen kann, eine harmonisch ausgerichtete Balance in diesem Sender-Empfänger-Prinzip herzustellen, spricht allein schon dieser Umstand für eine gute Beziehungsqualität zwischen Mensch und Hund.

Für ein tolles soziales Spiel mit dem Hund benötigen wir keine Bindung. So kann ein fremder Mensch mit einem fremden Hund sehr schön spielerisch kommunizieren. Wichtig ist einfach nur, dass der eine den anderen gut versteht und damit beide Parteien für den jeweils anderen soziale Offenheit zeigen.

Sobald wir eine Balance und damit eine ausgeglichen verteilte Interaktion im Sender-Empfänger-Prinzip erkennen, haben wir alles richtig gemacht. Hingegen kann jede Einseitigkeit in der Kommunikation zu einer Schieflage in der Mensch-Hund-Beziehung führen.

SCHIEFLAGEN IN DER MENSCH-HUND-BEZIEHUNG

Wir können erneut das soziale Spiel zwischen Mensch und Hund verwenden, um an zwei Beispielen aus der Praxis zwei unterschiedliche Formen sozialer Schieflagen hervorzuheben.

Von einer sozialen Schieflage sprechen wir dann, wenn während einer Kommunikation zwischen Beziehungspartnern eine einseitige Verlagerung des Sender-Empfänger-Prinzips entsteht. Ein Partner „sendet" ständig Signale und lässt dem „Empfänger" keinen Raum, zu reflektieren.

Beziehungen können überaus vielschichtig in Erscheinung treten und führen nicht zwangsläufig zu einer Bindung. Von Bindung sprechen wir erst dann, wenn eine tiefgreifende, emotionale Verbundenheit erkennbar wird.

AUS DER PRAXIS

DER MENSCH DOMINIERT DIE INTERAKTION

Mischlingshündin Donna befindet sich mit ihrem Halter in einem sozialen Spiel. Der Zweibeiner versucht von Beginn an, das Spiel zu dominieren. Mit vorgebeugtem Oberkörper klatscht er in die Hände und läuft auf Donna zu. Diese weicht ihm – spielerisch noch motiviert – aus und bleibt mit der sogenannten Vorderkörpertiefstellung etwas auf Abstand. Herrchen läuft daraufhin weiter in spielerischer Absicht auf Donna zu und merkt dabei nicht, dass der Abstand seiner Hündin ihm gegenüber sich nochmals vergrößert. Der Zweibeiner dominiert unbewusst das soziale Spiel durchgängig, das heißt, er tritt fast die ganze Zeit als Sender auf und berücksichtigt in keiner Weise den im Spiel so wichtigen Rollentausch. Donna kann nicht als Sender auftreten, ihr Mensch lässt ihr keine Möglichkeit, auch einmal etwas zu machen bzw. mitzuspielen. Schon nach kurzer Zeit hat Donna keine Lust mehr auf diese Art des Spielens und zieht sich zurück.

Hier fehlt definitiv die Balance im Sender-Empfänger-Prinzip, weil durch das dominierende Verhalten des Menschen dem Hund keine Möglichkeit gelassen wird, in zufriedenstellender Weise mitzuspielen.

AUS DER PRAXIS

DER HUND DOMINIERT DIE INTERAKTION

Mischlingsrüde Anton befindet sich mit seinem Halter in einem sozialen Spiel. Von Beginn an übernimmt der Vierbeiner die spielerischen Aktivitäten und springt dabei mehrmals am Körper seines Menschen hoch. Er stößt dabei immer wieder mit den Vorderpfoten gegen den Oberkörper des Halters, mal von vorne, mal von hinten und auch mal von der Seite. Antons Herrchen wird es nach und nach zu viel und letztlich hat er nur noch damit zu tun, den immer wieder anspringenden Vierbeiner von seinem Körper fernzuhalten. Letztlich wird Anton im Spiel so frech, dass er seinem Menschen sogar noch in dessen Jackenärmel zwickt.

Die „Multi-Box" zeigt uns Möglichkeiten und Grenzen von Kommunikation und Interaktion.

Auch hier dürfte die Schieflage unverkennbar sein. Diesmal allerdings lässt der Vierbeiner den im Spiel so wichtigen Rollentausch nicht zu.
Der Leidtragende ist in diesem Fall der Mensch. Im Zusammenhang mit den beiden Fallbeispielen muss übrigens ein ganz wichtiger Aspekt in der Hundeerziehung angesprochen werden: Hunde, die erzieherisch stark autoritär behandelt werden, trauen sich kaum, mit ihren Menschen ein ausgewogenes soziales Spielen zu zeigen. Sie stehen zu sehr unter dem emotionalen Druck des Menschen und trauen sich deshalb einfach nicht, als Sender aufzutreten.
Im gegenteiligen Fall trauen sich viele Hundehalter nicht oder nicht mehr, ihre Vierbeiner zum sozialen Spiel aufzufordern, weil sie befürchten, am Ende das Spiel nicht mehr steuern zu können, oder schlimmstenfalls mit einer zerrissenen Jacke dazustehen.

DIE „MULTI-BOX"

Kleiner Beziehungstest für jedermann:
Unsere Leidenschaft gehört schon seit vielen Jahren verschiedenen analytischen Verfahren zur Beurteilung von Hundeverhalten. Ein wesentlicher Bestandteil dabei sind die Beziehungsanalysen, die letztlich eine Beurteilung zur Beziehungsqualität zwischen Mensch und Hund ermöglichen. Bestandteil dieser Beziehungsanalysen ist vor ein paar Jahren die „Multi-Box" geworden.

AUFBAU DES TESTS

— In einer kleinen markierten Fläche, die zwischen vier und sechs Quadratmeter groß sein sollte, befindet sich der Hund und außerhalb der Markierung hält sich sein Mensch auf.
— Der Vierbeiner soll keine Gehorsamsübungen im Sinne von „Sitz" oder „Platz" leisten. Er soll

sich innerhalb der markierten Fläche frei bewegen können UND mit seinem außerhalb befindlichen Menschen möglichst vielseitig kommunizieren.

- Als Zeitvorgabe nehmen wir meistens nur zwei Minuten. Zwei Minuten auf ausschließlich sozialer Ebene kommunizieren (keine (!) Leckerli oder Spielzeug), bedeutet, zwei Minuten mit dem Hund eins werden.
- Körpersprachlich und auch lautsprachlich gilt es dabei für den Hund möglichst attraktiv zu sein, mit Körperspannungen und gezielten Körperbewegungen soziale Faszination zu erzeugen.
- Gleichzeitig soll aber dieses Spiel unter Einhaltung einer gewissen Distanz (wird durch die Markierung vorgegeben) nicht dominiert, sondern auch Bewegungen des Hundes motivierend reflektiert werden.
- Auch hier findet ein Rollentausch nach dem Sender-Empfänger-Prinzip statt.
- In dieses Spiel fließen jedoch auch autoritäre Momente ein, und zwar immer dann, wenn der Hund versuchen sollte, die Markierung nach außen zu übertreten. Der Versuch des Übertretens wird ebenfalls unter Einbeziehung der Körper- und Lautsprache mit der nötigen Klarheit erzieherisch unterbunden.

REAKTION DER HUNDE

Der Kombination aus spielerischer Kommunikation und gleichzeitiger erzieherischer Anforderungen, verdankt die markierte Fläche übrigens ihren Namen „Multi-Box".

Interessant dabei ist, dass selbst ungeübte Mensch-Hund-Teams, die eine hohe Beziehungsqualität aufweisen, relativ schnell mit diesem Beziehungstest klarkommen.

Unerzogene Hunde lassen sich hingegen keine zwei Minuten in der „Multi-Box" auf irgendwelche Vorgaben ihres Zweibeiners ein. Sie rennen meist schon nach wenigen Sekunden einfach über die Markierung und scheren sich wenig um autoritäre Augenblicke. Schließlich haben sie nie gelernt, sich situativ dem Zweibeiner gegenüber auch mal unterzuordnen.

Überwiegend autoritär und damit unverhältnismäßig streng erzogene Hunde, bleiben zwar in den meisten Fällen innerhalb der „Multi-Box", sind aber kaum in der Lage, offen und freudig mit motivierenden Körperspannungen bzw. Körperbewegungen des vor ihnen befindlichen Zweibeiners umzugehen. Sie wirken eher geduckt, verkrampft und übermäßig unterwürfig.

Wer seinen Hund mit zu viel Druck und Strenge erzieht, wird an der „Multi-Box" genauso scheitern wie derjenige, der es versäumt hat, seinem Vierbeiner erzieherisch elementare Grundlagen zu vermitteln. Zur „Multi-Box" ein paar Beispiele, die zum besseren Verständnis einige Vorkommnisse in diesem Beziehungstest darstellen.

Soziale Motivation wird durch eine zu druckvolle Körpersprache (Vorbeugen) erschwert.

Eine bessere Voraussetzung für soziale Motivation: Die Körpersprache ist weniger druckvoll und dennoch attraktiv.

Attraktive Bewegungsabläufe, begleitet durch stimmliche Motivation, nehmen dem Vierbeiner soziale Unsicherheiten.

Erzieherisches Einwirken (Hund soll Box nicht verlassen) kann bei zu hoher „Dosis" schnell zu Unsicherheiten führen.

So stimmt die „Dosis" der Einwirkung. Der Vierbeiner wird mittels Hör- und Sichtzeichen am Verlassen der Box gehindert. Soziale Verunsicherung erfolgt nicht.

Auch hier ist alles passend. Die „Dosis" bzw. Intensität der Einwirkung muss auf die Persönlichkeit des Hundes abgestimmt werden.

KEINE FUTTER-BELOHNUNG!

Am Ende der Übung steht allein der Mensch als Belohnung! Man könnte ja schnell dazu neigen, am Ende der Übung in einer „Multi-Box" dem Vierbeiner ein tolles Leckerli zu präsentieren. Doch das wäre nicht klug, denn dann schließen wir unsere soziale Kommunikation mit einer materiellen Belohnung ab – und genau davon müssen wir unbedingt absehen. Genau das wird übrigens in den meisten Hundeschulen noch immer falsch gemacht.

Der Hund wurde ja in der „Multi-Box" quasi eingesperrt. Das Übertreten der Markierung gilt als Tabu. Genau deshalb ist die Erwartungshaltung des Hundes besonders hoch, die vorgegebene Grenze am Ende in erlaubter Weise überschreiten zu dürfen.

Der Mensch ist ja für zwei Minuten einfach körperlich nicht erreichbar! Kommt allerdings nach diesen zwei Minuten durch Hör- und Sichtzeichen das soziale Signal des Zweibeiners („Jetzt darfst Du zu mir!"), erfolgt zunächst die Auflösung der vorgegebenen Tabuzone. Freudig erregt stürzen die meisten Hunde nun aus der „Multi-Box" heraus, um endlich die begehrte körperliche Nähe zum Menschen genießen zu dürfen. Eine soziale Belohnung, wie sie schöner kaum sein kann!

Die meisten Hundehalter sind überrascht, wie einzigartig sich in diesem Fall die soziale Belohnung auf die Lebensfreude ihrer Vierbeiner auswirkt. Eine Leckerli-Belohnung hingegen würde – wenn überhaupt – einen wesentlich geringeren Beitrag zur Beziehungsqualität leisten als ein herzliches, soziales Geschenk an den Hund.

Eine Ausnahmeregel gilt es allerdings zu beachten, wenn der Vierbeiner den Zweibeiner überhaupt nicht respektiert und ohnehin ständig bemüht ist, die „Multi-Box" zu verlassen. Hier sollte der Drang zum Verlassen der „Multi-Box" nicht noch zusätzlich gefördert werden. Das bedeutet, dass die soziale Belohnung nicht außerhalb, sondern innerhalb der Markierung erfolgen sollte. Nicht der Hund läuft hinaus, sondern der Mensch geht hinein. Damit erfolgt auch die Belohnung durch soziale Anerkennung grundsätzlich innerhalb der „Multi-Box".

SOZIALES LOB STATT FUTTER

Der sozialen Anerkennung muss die Zukunft gehören!

Uns ist bewusst, dass sehr viele Hundehalter Probleme haben, ihre Hunde sozial attraktiv zu belohnen. Das ist auch viel schwieriger zu lernen, als einem Hund Futter zu geben. Deshalb spielt für die meisten Hundehalter in der Beziehung zum Hund Futter eine viel wichtigere Rolle als soziale Belohnung. Es ist schwieriger, einen Hund sozial zu belohnen und viel einfacher, Futter zu geben – auch für Hundetrainer. Und deshalb wird immer noch die Futterbelohnung als Standard verwendet. Durch unsere langjährigen Erfahrungen sind wir überzeugt: **Soziales Lob (wenn es richtig gemacht wird) ist mittel- und langfristig deutlich besser und wertvoller für eine Mensch-Hund-Beziehung als das Lob mit Futter!**

Auch hier kann man Vergleiche zu einem Kleinkind mit Schokolade ziehen. Wenn sich eine Mutter nicht richtig um ihr Kind kümmern kann (sozial), wird für das Kind die Schokolade wichtiger als die soziale Nähe zur Mutter. Und die Mutter wird auch immer wieder Schokolade nehmen, weil dann das Kind zufriedener erscheint. Die soziale Beziehung oder auch Bindung wird dadurch sicher nicht verbessert.

So viel zunächst einmal zum Thema Beziehung zwischen Mensch und Hund. Doch wozu brauchen wir bei einer guten Beziehungsqualität noch die soziale Bindung?

WIE WICHTIG IST SOZIALE BINDUNG?

Es ist vielleicht gar nicht so falsch, die Bindung als das „Salz in der Suppe" im Rahmen einer Beziehung anzusehen. Oder auch als sozialen „Klebstoff", der aus einer guten Beziehung eine sehr gute Beziehung werden lässt.

BEZIEHUNG IST WICHTIGER ALS BINDUNG

Zunächst muss betont werden, dass eine Mensch-Hund-Beziehung bereits dann eine gute Qualität haben kann, wenn sie überhaupt keine Bindungselemente aufweist!

Die generelle Frage steht somit im Raum, inwieweit eine intakte Mensch-Hund-Beziehung überhaupt Bindungselemente benötigt. Auch in einer lockeren Beziehung, die ohne wesentliche Bindungselemente versehen ist, kann die Erziehung eines Hundes sehr gut funktionieren.
Dies zeigen beispielsweise auch die Erfolge von Tierheimmitarbeitern, wenn sie im Umgang mit vergleichsweise vielen Hunden auf einer meist überwiegenden Beziehungsbasis auch ohne nennenswerte Bindungsstrukturen ein weitgehend solides erzieherisches Fundament herstellen.
Es bedarf somit nicht der Exklusivität eines sozialen Bindungspartners, wenn Hundeerziehung erfolgreich sein soll. Nachvollziehbar dürfte in diesem Zusammenhang sein, dass sich der „Will-To-Please-Aspekt" (der Hund will dem Menschen gefallen) in einer bindungsorientierten Beziehung intensiver zeigen dürfte als in einer bloßen Beziehung. Das macht im Ergebnis die Hundeerziehung im Einzelfall etwas einfacher und so kann auch aus einer guten Beziehung eine sehr gute Beziehung werden. Unsere bisherigen Erfahrungen aus der Praxis zeigen, dass erzieherische Erfolge unter Einbeziehung sozialer Bindungselemente nachhaltiger und zuverlässiger sein können.

ALLZU VIEL IST UNGESUND!

Auch die Intensität einer sozialen Bindung ist maßgeblich dafür verantwortlich, ob sie sich positiv oder auch negativ auf eine Mensch-Hund-Beziehung auswirkt.
Ist eine Bindungsintensität besonders hoch, überwiegen erfahrungsgemäß die Nachteile gegenüber den Vorteilen.
In der humanpsychologisch orientierten Bindungstheorie werden die bereits in der Übersicht S. 98 zu findenden, unterschiedlichen Bindungstypen erläutert. Diese lassen eine Vergleichbarkeit auf unsere Hunde durchaus zu. Besonders die ambivalente Bindung und auch die desorientierte Bindung sind in Mensch-Hund-Beziehungen nicht selten anzutreffen. Eine besondere Ambivalenz in sozialen Bindungsstrukturen stellen wir auch bei besonders ausgeprägter bzw. extrem hoher Bindungsintensität fest. Ein Verlust oder eine Reduktion der Lebensqualität solcher Hunde ist unverkennbar. Bei auch nur vorübergehender Trennung vom zweibeinigen Bindungspartner, zeichnen sich solche Vierbeiner durch soziale Hilf- und Orientierungslosigkeit besonders aus. Damit einhergehende typische Trennungsreaktionen sind auffallende Unsicherheit, Verlust der Außenorientierung, lautsprachliche „Verkündung" sozialer Ängste bis hin zu destruktivem Verhalten. Die hohe Ambivalenz zeigt sich nicht selten im Verhalten bei einer Rückkehr des Bindungspartners. Hier kann sich abwechselnd anklammerndes, aber auch protestierendes bis aggressiv abweisendes Verhalten zeigen.
Eine optimierte erzieherische Entwicklung infolge einer besonders intensiven Bindung lässt sich in der Praxis nicht bestätigen. Ganz im Gegenteil! Fatalerweise treffen wir in diesem Zusammenhang aber auch auf Hundehalter, die selbst eine schon krankhaft erscheinende Bindungsintensität (extreme Abhängigkeit) ganz offensichtlich gutheißen.
Was abschließend noch sehr wichtig ist, zu wissen: Ein Hund kann mit einer engen sozialen Bindung an seinen Menschen auch gleichzeitig in einer schlechten Beziehung leben. Und genauso kann ein Hund bei einer geringen sozialen Bindung in einer guten Beziehung leben.
Dieser Umstand verdeutlicht, wie wichtig es sein muss, die sehr unterschiedliche Bedeutung zwischen Bindung und Beziehung zu kennen.
Ein absolutes Lehrbeispiel zur Unterschiedlichkeit von Bindung und Beziehung lieferte uns vor einiger Zeit Dackel Hilde (siehe „Aus der Praxis"). In einer von vielen sehr spannenden Beziehungsanalysen machte uns Dackel Hilde zweifelsfrei klar, dass auch Hunde den Menschen in Beziehungs- und Bindungspartner unterteilen. Das steht uns somit nicht nur von Mensch zu Mensch zu.

Vielen Hunden fällt das Alleinbleiben – aus unterschiedlichsten Gründen – schwer. Sie zeigen sogenannte Trennungsreaktionen, die eine Mensch-Hund-Beziehung belasten können.

AUS DER PRAXIS

AMBIVALENTE HUND-MENSCH-BEZIEHUNG

Hilde lebt mit zwei erwachsenen „Frauchen" (Mutter und Tochter) zusammen. Die Mutter nennen wir an dieser Stelle Gudrun, die Tochter Anna. Hilde zeigte uns, dass Tochter Anna ihre bevorzugte Beziehungspartnerin ist. Die Beziehungsqualität zwischen Hilde und Anna wurde als „gut" bezeichnet. Die Beziehungsqualität zwischen Hilde und Gudrun war hingegen als „mangelhaft" zu bezeichnen. Im sozialen Spiel ließ sich Hilde sehr schön auf Anna ein und beide harmonierten in der Kommunikation tatsächlich gut. Wenn allerdings Gudrun versuchte, mit Hilde sozial zu kommunizieren, wich die Hündin eher aus und zeigte sich vornehmlich verunsichert und zurückhaltend.
Als außenstehender Betrachter könnte man bei der Beobachtung solcher Szenen davon ausgehen, dass die Tochter Anna aufgrund der guten Beziehungsqualität auch die Bindungspartnerin sein müsste.
Doch im weiteren Verlauf der Analyse war deutlich erkennbar, dass nicht Tochter Anna die ausgewählte Bindungspartnerin für Hilde ist, sondern zweifelsfrei deren Mutter Gudrun. Wenn Anna den Raum verließ und nur noch Hilde und Gudrun anwesend waren, schien alles in Ordnung zu sein. Verließ jedoch Gudrun den Raum, waren trotz der Anwesenheit von Anna sofort Trennungsreaktionen erkennbar. Hilde lief immer wieder an die Tür und versuchte, den Raum zu verlassen. Sie jammerte, weil sie Gudrun vermisste. Betrat Gudrun wieder den Raum, war alles in Ordnung.
Fazit: Im Ergebnis erkennen wir auch in Mensch-Hund-Beziehungen sehr deutlich, dass ein gutes Beziehungsverhältnis auch frei von BINDUNG existieren kann. Und umgekehrt kann die BEZIEHUNG im Einzelfall sogar „mangelhaft" sein und dennoch eine intensive BINDUNG bestehen.

Dieses Beispiel aus unserer Trainerpraxis zeigt deutlich, wie ähnlich sich erwachsene Hunde und Kleinkinder sein können. Wir müssen somit auch bei unseren Hunden genau hinschauen, um unsere „Beziehungskisten" folgerichtig einzuordnen.

Sollte man es zulassen, dass ein Hund die Nacht im Schlafzimmer seiner Menschen verbringt?

DER HUND IM SCHLAFZIMMER?

Im Zusammenhang mit der Mensch-Hund-Beziehung stellt sich auch immer wieder die Frage, wie eng im Alltag Menschen und Hunde zusammenleben dürfen oder auch können. Dabei wird u. a. immer wieder der Aspekt „Schlafzimmer" diskutiert. Soll oder darf ein Hund überhaupt ins Schlafzimmer oder sogar – noch weiter gehend – ins Bett?

„Ein Hund gehört nicht ins Schlafzimmer, geschweige denn ins Bett!" Diese Empfehlungen werden immer wieder als Verhaltensrichtlinien an Hundehalter weitergegeben, sei es durch Hundetrainer, Tierärzte oder auch andere Hundehalter. Dabei herrscht auch eine breite Argumentationsvielfalt. „Unhygienisch und damit gesundheitlich bedenklich" oder „Rangordnungsprobleme" oder „Steigerung der Aggressionsbereitschaft" oder „geruchliche Beeinträchtigung und Schnarchen mit zunehmendem Alter" oder „Vermenschlichung" oder „soziale Übersättigung" und vieles mehr. Angesichts dieser Argumentationsbreite scheint es zunächst schwerzufallen, gegen diese Empfehlungen Opposition zu beziehen. Doch dabei bedarf es überhaupt keiner Opposition, sondern vielmehr einer deutlichen Relativierung. So hat Hygiene etwas mit Sauberkeit und Gesundheit zu tun und darauf ist in jedem Fall zu achten – ob mit oder ohne Hund. Sogenannte Rangordnungsprobleme werden zudem nicht im Bett „geboren", sondern im täglichen, kommunikativen Umgang mit dem Hund. Gedanken an eine Steigerung von Aggressionsverhalten durch das Schlafen im Schlafzimmer sind grundsätzlich als absurd zu bezeichnen. Die Ursachen sind hier ganz wo anders zu suchen. Körpergerüche und Schnarchen im Alter können sich auf den einen Hundehalter störend auswirken, auf den anderen jedoch nicht. Vermenschlichung und soziale Übersättigung sind ebenfalls absurd, denn beides findet im kommunikativen „Tagesgeschäft" und keinesfalls beim gemeinsamen Schlafen in ein und demselben Raum statt.

Von all den eingangs genannten Empfehlungen bleibt also in puncto Wahrheitsgehalt nicht sehr viel übrig.

Aber nennen wir an dieser Stelle doch einmal mögliche Vorteile des Schlafens im Schlafzimmer oder im Bett:

- Der Hund kommt in den nächtlichen Schlafzeiten in der sozial unmittelbaren Nähe zu seinem Zweibeiner am entspanntesten zur Ruhe.
- Das soziale Zugehörigkeitsgefühl wird gestärkt und gilt als bindungs- und beziehungsfördernd.
- In der Verhaltenstherapie wird immer wieder erkennbar, dass sozial schwache bzw. unsichere Vierbeiner durch das „verordnete" Schlafen in unmittelbarer Nähe ihres Menschen zu mehr emotionaler Stabilität gelangen.
- Hunde fühlen sich vor allem zur Nachtzeit in der Nähe ihrer Menschen ganz einfach sicherer und wohler.

Es spricht nach unserer Überzeugung grundsätzlich nichts gegen den Aufenthalt des Hundes im Schlafzimmer oder gar im Bett! Solange es sich nicht um einen verhaltensauffälligen Hund handelt, von dem generell Gefahren für den Hundehalter ausgehen. Unsere Ratschläge orientieren sich immer am Einzelfall und dabei sind sowohl Schlafzimmerverbot als auch Schlafzimmerempfehlung denkbar.

Ohnehin sollte man grundsätzlich in sämtlichen Mensch-Hund-Beziehungen auch immer an die Lebensqualität des Zweibeiners denken. Wer das Schlafzimmer hundefrei halten möchte, macht genauso wenig Fehler, wie jeder Andersdenkende, dem die nächtliche Nähe zum Hund besonders wichtig erscheint.

WO SOLLTEN WELPEN SCHLAFEN?

Nach dem Einzug eines Welpen gibt es aus unserer Sicht nur zwei vernünftige Empfehlungen: Entweder der Welpe schläft im Schlafzimmer oder der Mensch schläft (anfangs) in dem Schlafraum des Welpen. Ein Welpe sollte in den ersten Nächten nicht alleine bleiben müssen. Er hat ohnehin schon jede Menge an Umstellungen zu verarbeiten, da erscheint uns das anfängliche Alleinlassen über die Nacht ganz einfach viel zu stressfördernd! Erfahrungsgemäß sind die meisten Welpen nach zwei bis drei Wochen so gut akklimatisiert, dass sie auch – wenn durch den Menschen für nötig gehalten – nach und nach an eine Schlafstätte außerhalb des Schlafzimmers gewöhnt werden können. Selbstverständlich kann der Mensch dann auch ohne Hund im Schlafzimmer schlafen.

Und stimmt es, dass ein Hund im Bett des Halters „vermenschlicht" wird?

TAKTILE ZUWENDUNGEN – DIE MACHT DER BERÜHRUNGEN

Beim Umgang mit unseren Hunden kommt den taktilen Zuwendungen (Berührungen, Streicheleinheiten) eine ganz besondere Bedeutung zu. Die Haut gilt ja als – flächenmäßig – größtes Sinnesorgan. Sie ist übersät mit Millionen von Berührungsrezeptoren. Dabei nimmt die Haut, ganz gleich ob bei Menschen oder bei Hunden, bei Weitem nicht nur Kälte oder Wärme wahr. Die Berührungsrezeptoren senden aufgenommene Signale über Nervenbahnen an das Gehirn. Dort angekommen, übernimmt das Gehirn eine Bewertung dieser Signale. Und diese Bewertung kann im Ergebnis positiv, negativ oder auch neutral erfolgen.

Auf der Grundlage dieses Bewertungsergebnisses erfolgt dann das, was wir allgemein als Verhalten bezeichnen. Wie solch ein Verhalten letztlich gezeigt wird, hängt somit immer davon ab, wie das Gehirn auf eine Berührung reagiert. Letztlich gilt genau diese Bewertung als hoch komplizierter Vorgang und das hat einen Grund. **Über taktile Signale werden nicht nur Fakten übermittelt (der Hund nimmt wahr, dass er gestreichelt wird), sondern auch emotionale Gegebenheiten (der Hund hat z. B. ein angenehmes Gefühl dabei).**

NATÜRLICHE WÄRME

Viele Menschen gehen fälschlicherweise noch immer davon aus, dass es sich bei der Wärme, die beispielsweise unsere Handinnenfläche spür- und wahrnehmbar abstrahlt, tatsächlich nur um den faktischen Aspekt Wärme handelt. Dabei können wir mittlerweile ganz sicher davon ausgehen, dass noch weitere, zum Teil noch nicht erforschte, zusätzliche Energien in der abgestrahlten Wärme enthalten sind. In diesem Zusammenhang liegt der Beweis für zusätzliche Energien sprichwörtlich auf der Hand.

Nehmen wir beispielsweise künstliche Wärme (Beispiel Lampe) und „berühren" mit dieser künstlichen Wärme die Haut eines Menschen, sind die Reaktionen auf emotionaler Ebene überhaupt nicht vergleichbar mit der natürlichen

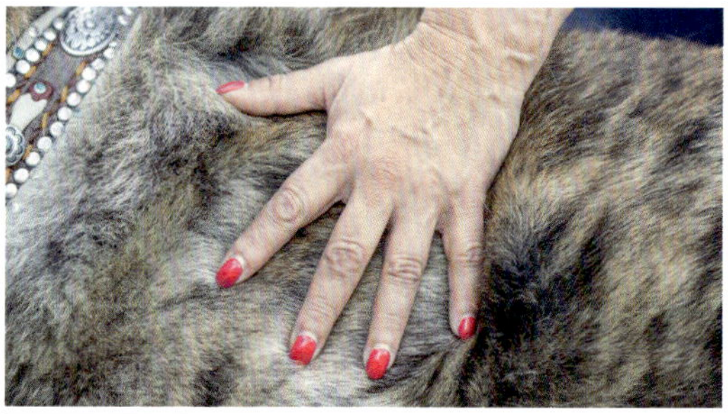

Fragliche Wirkung! Gespreizte Finger „streuen" Energien. Es entstehen quasi Signal-Lücken.

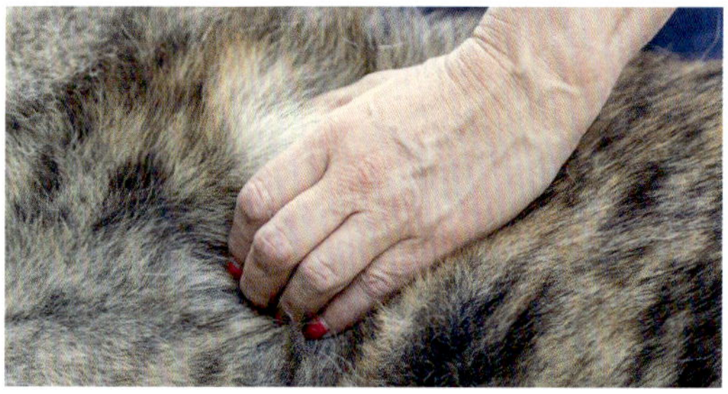

Auch nicht gut! Lediglich die Fingerkuppen berühren die Haut. Die Handfläche ist gekrümmt und losgelöst.

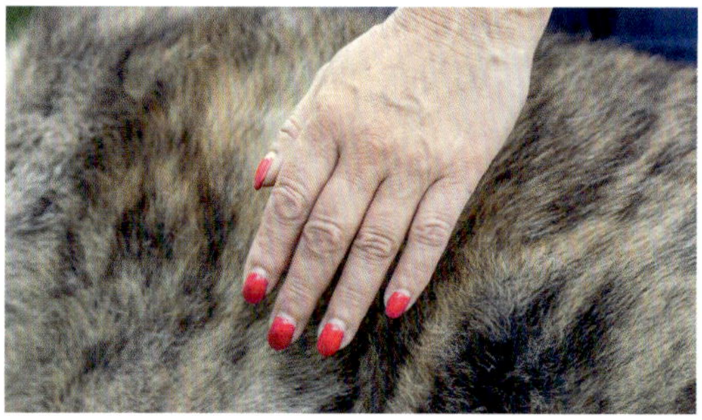

Wenig bis keine Wirkung! Die Hand übt keine „echte" Berührung aus. Für den Hund kaum wahrnehmbar.

Wärme, die ein menschlicher Körper abstrahlt. Denn nur über die natürliche Wärme eines vertrauten Menschen kommt es zu einer Ausschüttung des sozialen Wohlfühl- oder auch Bindungshormons Oxytocin. Zudem wird die Ausschüttung von Endorphinen (Glückshormonen) aktiviert. In der Folge kommt es nachweislich zu einem Abbau von Stresshormonen und damit zu einer Verlangsamung von Atmung und Herzschlag. Es tritt ein Gefühl von Entspannung und Wohlsein auf. Derartige Vorgänge sind über künstliche Wärme ganz einfach nicht möglich.

BERÜHRUNGEN

Wenn wir sicher davon ausgehen können, dass es nicht nur die faktische Wärmeenergie ist, die wir mit einer Berührung übertragen, müssen wir noch einen weiteren wichtigen Umstand berücksichtigen. Die Art und Weise, sowie die Druckintensität, mit der wir (Sender) eine Berührung vornehmen, entscheidet erheblich mit, ob eine Berührung bei einem Hund (Empfänger) als angenehm oder unangenehm empfunden wird. So wird eine Berührung durch die Handinnen-

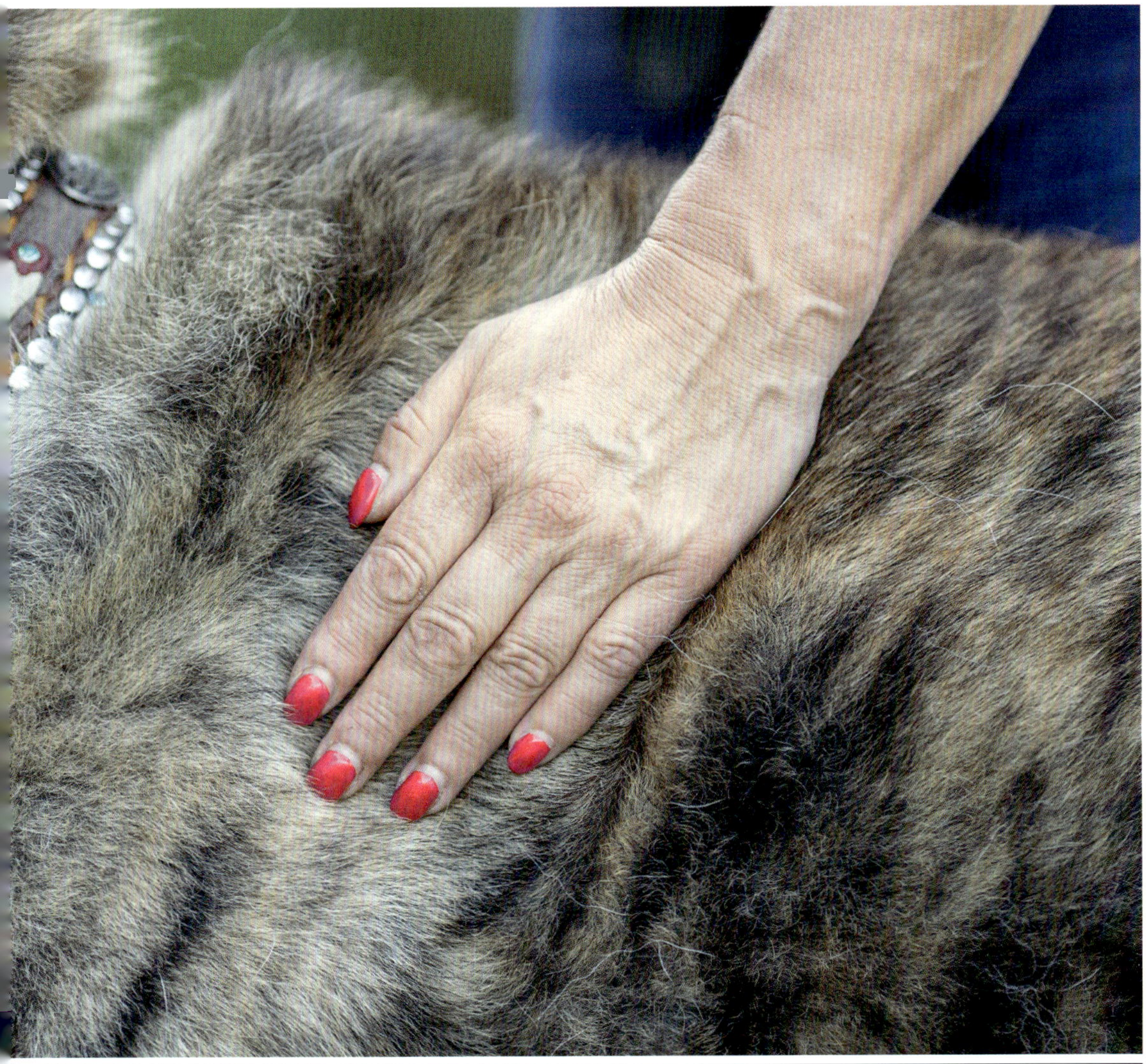

So sollte es sein! Die komplette Handinnenfläche, in Verbindung mit geschlossenen Fingern, übt sanften und wohltuenden Druck aus.

Die sogenannte „Standby-Übung" ist als Ausgangsposition für ein erzieherisches und auch entschleunigendes Training absolut zu empfehlen.

fläche mit z. B. gespreizten Fingern als weniger angenehm empfunden, als mit anliegenden, geschlossenen Fingern.

Mit den fünf lückenlos aneinanderliegenden Fingern vergrößern wir die Handinnenfläche auf fast das Doppelte. **Wenn nun noch die Druckintensität der Individualität des Hundes angepasst wird (nicht zu fest, nicht zu locker), entsteht ein Wohlempfinden, das gleichzeitig Entspannung und damit Entschleunigung mit sich bringt.**

Ein gestresster Hund, der mit beiden Händen am vorderen Brustbereich oder auch am seitlichen Schulterbereich ruhig gehalten oder langsam von oben nach unten gestreichelt wird, kommt fast immer zur Entspannung und damit zu einem verbesserten Stressmanagement.

AUCH HUNDE LASSEN SICH ERDEN!

Bezogen auf das Stressmanagement haben wir im Rahmen unserer langjährigen praktischen Arbeit mit Hunden eine sehr interessante Erfahrung machen können.

Am schnellsten und am nachhaltigsten kommen Hunde zu mehr innerer Ruhe, wenn es uns gelingt, sie zu „erden". Wir achten somit bewusst auf möglichst viel Bodenhaftung. Und dabei beginnen wir mit einer rein physikalischen Übung, die aber in den allermeisten Fällen auch emotionale Stabilität fördert.

Praktische Übung

Mit beiden Händen streichen wir, gleichzeitig und somit synchron mit sanftem Druck über Schultern und Brust in Richtung Ellenbogen nach unten. Das Ganze erfolgt in einer Geschwindigkeit, die wir gern als „Zeitlupe" bezeichnen dürfen.

Befinden sich beide Hände im Bereich der Ellenbogen, bleibt eine Hand dort liegen. Die andere Hand wird vom Hund weggenommen und wieder im Schulter-, Brustbereich ruhig angelegt. Dann erst wird auch die unten befindliche Hand weggenommen und ebenfalls im Schulter-, Brustbereich neu angelegt. Und jetzt wird wieder „geerdet".

Entspannung ist bei unruhigen bzw. nervösen und gestressten Hunden innerhalb kurzer Zeit erreichbar. Die Vorderpfoten des Hundes zeigen zunehmende Haftung auf dem Boden und dieser Umstand zieht unwillkürlich mehr innere und damit emotionale Ruhe nach sich.

Würden wir hingegen anstelle der nach unten erfolgenden Streichbewegungen fälschlicherweise von unten nach oben entlangstreifen, könnte die erhoffte „Erdung" nicht erfolgen. Auch das sogenannte Kraulen bzw. kreisförmige Streicheln mit den Fingerkuppen ist nicht ratsam. Denn damit lässt sich ebenfalls der so wichtige Prozess des Erdens nicht oder vergleichsweise schwer erreichen (siehe dazu auch La-Ko-Ko® ab S. 134 ff.).

SPRACHBARRIEREN ZWISCHEN MENSCH UND HUND

Im Zusammenleben mit unseren Hunden ergeben sich immer wieder Sprachbarrieren, die daraus resultieren, dass der Mensch seine kommunikative Stärke über die sogenannte Lautsprache nach außen trägt. Die Körpersprache spielt dabei eine scheinbar untergeordnete Rolle.
Unsere Hunde hingegen kommunizieren vornehmlich über die Körpersprache. Für sie ist die Lautsprache von Natur aus ein vergleichsweise nebensächlicher Aspekt.
Doch bei dieser zunächst logisch erscheinenden Gegenüberstellung hat der Mensch offensichtlich die Rechnung ohne den Hund gemacht.

KÖRPER- UND LAUTSPRACHE

Folgender Denkansatz muss zunächst als richtig gelten: Hunde kommunizieren und interagieren mit Artgenossen und damit mit anderen Hunden auf einer überwiegend **körpersprachlichen Ebene**.
Auch der zweite Denkansatz stimmt: Menschen kommunizieren mit ihren „Artgenossen" auf einer überwiegend **lautsprachlichen Ebene**.
Und nun glauben viele Menschen, dass sie sich im Umgang mit dem Hund innerhalb der Kommunikation umstellen müssen. Sie glauben in diesem Zusammenhang weiter, dass sie mit ihren Vierbeinern möglichst viel über die Körpersprache kommunizieren müssen, um sich besser verständlich zu machen. Die Lautsprache wird somit zugunsten der Körpersprache bewusst vernachlässigt. Ein Fehler, der bereits vor vielen Jahren sogar in manchen Hundeschulen irrtümlich gelehrt wurde. Und leider wird dieser Fehler auch heute noch als Lehrinhalt vermittelt. Offensichtlich wissen noch immer viele Menschen zu wenig über die soziale bzw. emotionale Intelligenz unseres Sozialpartners Hund. Somit glauben heute noch viele Hundehalter, dass sich ihre Vierbeiner im Alltag und in der Erziehung nur oder zumindest überwiegend an der Körpersprache des Menschen orientieren. Dass diese Annahme so pauschal nicht richtig ist, gilt mittlerweile als erwiesen.
Der Hund hat aufgrund seiner außerordentlichen Intelligenz in Zigtausenden von Jahren des Zusammenlebens mit Menschen ein beachtliches lautsprachliches „Sprachverständnis" entwickelt. Obwohl der Hund aus nachvollziehbaren anatomischen Gründen selbst nie sprechen können wird, so kann er doch enorm viel verstehen.
Menschen kommunizieren untereinander über Lautsprache und nur wenig über Körpersprache. Der sozial aufgeschlossene Hund kann im Zusammenleben mit Menschen ein vielfältiges Verstehen der menschlichen Sprache erlernen.
In jüngster Zeit gibt es dazu immer mehr wissenschaftliche Versuche, die das tatsächlich auch bestätigen. So wird in der Ausgabe 05/2014 des

bekannten österreichischen Hundemagazins WUFF auf eine Studie der Universität Budapest hingewiesen. Das Ergebnis dieser Studie: **Hunde besitzen, ähnlich wie Menschen, im Gehirn spezielle Regionen für die Verarbeitung und damit auch Bewertung von Sprache und Geräuschen.**
Belegbar wurde dies aufgrund der messbaren Ergebnisse von unterschiedlichen Hirnaktivitäten über ein MRT-Verfahren (**M**agnet-**R**esonanz-**T**omografie).

VERSUCH ZUM VERSTEHEN VON LAUTSPRACHE

Unabhängig davon wurde ein anderer und sehr praxisorientierter Versuch mit mehreren Paaren (Herrchen und Frauchen) wie folgt durchgeführt: Ein Paar setzt sich vor einem Tisch auf zwei Stühlen zunächst ruhig gegenüber. Der zum Paar gehörende Hund liegt auf seiner Decke neben seinen beiden Haltern auf dem Boden. Dann beginnen die Besitzer einen improvisierten Streit, der komplett ohne Körpersprache erfolgt. Das heißt, die Besitzer vermeiden ganz bewusst jegliche Körperbewegung und „beschimpfen" sich mit zunehmender Stimmintensität abwechselnd. Nahezu alle Hunde der Versuchsreihe zeigen sich schnell beeindruckt, verlassen ihre Decke und ziehen sich verunsichert zurück. Die „dicke Luft" wird sehr schnell erkannt.
Nach einer Pause wird der Streit auf rein körpersprachlicher Ebene und ohne Worte wiederholt. Die Besitzer sagen überhaupt nichts, bedrohen sich aber mit vielen statischen oder auch fuchtelnden und bedrohlich wirkenden Körpergesten. Jetzt verlassen die meisten Hunde ihre Decke nicht, sondern blicken irritiert und/oder neugierig auf das Geschehen. Da die Stimme der Besitzer fehlt, können sie auch die damit verbundene Stimmung nicht zuordnen.
Aus diesem und vielen weiteren Gründen ist es in der modernen Hundeerziehung viel sinnvoller, beim Umgang mit Hunden nicht auf die Lautsprache zu verzichten, sondern sie sogar ganz gezielt einzusetzen. Dabei sollte man allerdings darauf achten, dass keine verbale Überschüttung erfolgt, denn auch hier gilt wie so oft das Motto: Weniger ist mehr!

Wir sollten unbedingt verstehen, dass unsere Körpersprache …

… unter Einbindung der Lautsprache eine höhere soziale Wertigkeit erhält.

Der Mensch vermittelt dem Hund mit Ton, Klang, Lautstärke und Frequenz seiner Stimme enorm viele Informationen, die sich fast immer in einer Mensch-Hund-Beziehung als lebensbereichernd erweisen.

MENSCH BLEIBT MENSCH!

Hundehalter sollten als Mensch authentisch bleiben. Auch im Umgang mit dem eigenen Hund sollten sie als Mensch auftreten und nicht als motorisch agierende Fragezeichen.
Ganz gleich, ob Hundetrainer oder einfach nur Hundehalter: **Wer mit Vierbeinern bewusst nonverbal und damit ohne Stimme kommuniziert, versäumt definitiv den wertvollen Aspekt einer ganzheitlichen Kommunikation.**
Hundehalter, die wir so einseitig kommunizierend kennenlernen durften, konnten in uns nie den Eindruck erwecken, dass ihre Mensch-Hund-Kommunikation auf einem „besseren" Niveau lag, als bei dual kommunizierenden Hundehaltern (Körper- und Lautsprache vereint). Ganz im Gegenteil, es lag immer eine sonderbare Stille im Raum, wenn die ganze „Kunst" des Menschen darin bestand, völlig stimmlos und damit ausschließlich unter Einbeziehung der Körpersprache mit seinem Vierbeiner zu interagieren. Ein Teil der so trainierten Hunde wirkte sogar irritiert bzw. gehemmt, wenn der ansonsten gesprächige Zweibeiner plötzlich kein Wort mehr über die Lippen brachte.
Viele Menschen wirken zudem überhaupt nicht mehr authentisch, wenn sie sich in derart einseitige Ausdrucksformen begeben.
Unsere menschliche Stimme ist ein ganz wesentlicher Teil unseres Lebens und in der Kommunikation mit anderen Menschen sogar der wichtigste Aspekt, um verstanden zu werden. Kein noch so ausgeklügeltes Argument kann erklären, warum wir uns im Umgang mit unseren Hunden derart verstellen sollten. Zumal die allermeisten Hundehalter wesentlich mehr sozial und vor allem emotional ausgerichtete Informationen an ihre Vierbeiner über ihre Stimme weitergeben, als über eine Körpersprache, die ohnehin die meisten Hunde als „grobmotorisch" bezeichnen würden. Menschen, die Hunde haben und beide Sprachformen gut beherrschen, haben definitiv die beste Grundlage zur Kommunikation und deshalb sollten nach Möglichkeit Körper- und Lautsprache eine gemeinsame und versändliche Komposition ergeben.
Schön, dass mittlerweile auch die Wissenschaft Belege dafür aufbringen kann, wie wichtig und unverzichtbar unsere Lautsprache für ein harmonisches Zusammenleben zwischen Mensch und Hund sein kann. Diesen besonderen Umstand haben wir – wieder einmal – der außerordentlich hohen sozialen Intelligenz unserer vierbeinigen Sozialpartner zu verdanken.

DER NAME DES HUNDES

Besonders versierte Hundehalter haben zudem die Erfahrung gemacht, dass sie allein mit der Namensnennung des Hundes nahezu alle erzieherischen Grundlagen abrufen können.
Über den Namen eines Hundes (Beispiel „Oskar") kann ohne irgendwelche verbalen Zusätze das Erziehungsmanagement erfolgen. Der ausgesprochene Name „Oskar" kann durch tonale Veränderungen, durch Straffung oder Dehnung von Vokalen (O und A) und Konsonanten (S, K und R) viele sehr unterschiedliche Botschaften, Einladungen, Verbote und Aufforderungen enthalten.
Auch die dazu passende Frequenz (hohe oder tiefe Stimmlaute) ist ein wertvolles kommunikatives Hilfsmittel, wenn mit einem Vierbeiner kooperiert wird.
Sehr vereinfacht dargestellt, kann ein freundliches, hochfrequentes „Ooooooskaaar" eine Spielaufforderung bedeuten. Hingegen bedeutet ein tiefer frequentes „Ossskkarr" eine strenge Reglementierung. Und wenn „Oskar" mal nerven sollte, kann ein ermahnendes „Ooooskar" dafür sorgen, dass der Besitzer eben nicht mehr genervt wird.
Dazwischen gibt es natürlich jede Menge weiterer „Nachrichten", die unseren Sozialpartner Hund – lediglich durch dessen Namensnennung – in dessen Verhalten beeinflussen kann.

Wenden wir uns nun einem weiteren, sehr wichtigen Umstand zu, nämlich der Entstehung und damit der Ursächlichkeit von innerer Unruhe und Nervosität bei unseren Hunden.

INNERE UNRUHE

— *Ursache und Entstehung*

OHNE ANAMNESE KEIN ERFOLGREICHES TRAINING

VORGESCHICHTE

Wenn es darum geht, einen offenkundig unruhigen, nervösen und damit auch instabilen Hund zu mehr innerer Ruhe und Ausgeglichenheit zu bringen, denken wir richtigerweise an mögliche Maßnahmen, ihn zu entschleunigen, zu entspannen und damit auch gegenüber Stress resistenter zu machen. Doch es wäre falsch, mit einem entschleunigenden Training zu beginnen, bevor keine Klarheit über die Ursächlichkeit und damit über die Entstehung einer inneren Unruhe herrschen kann. Um die Vorgeschichte zu einer Verhaltensauffälligkeit zu ergründen, wird ein Verfahren angewendet, das den fachlichen Begriff Anamnese trägt. **Eine Anamnese ist ein analytisches Verfahren zur Vorgeschichte, das zur Aufklärung von möglichen Ursachen wesentlich beitragen kann.** Bevor beispielsweise zu einer bestehenden Erkrankung eine Diagnose und daraus resultierend ein Behandlungsplan erstellt werden kann, ist eine Anamnese zwingend erforderlich. Denn ohne sie wären ja nur Spekulationen und Hypothesen die Grundlage für eine Behandlung. Stellen Sie sich vor, Sie suchen aufgrund ständiger Kopfschmerzen einen Arzt auf. Dieser nimmt Ihre Aussage zur Kenntnis und verschreibt Ihnen einfach mal Schmerztabletten, ohne eine komplexere Untersuchung (Anamnese) durchzuführen. Ein schlechter Arzt, dessen Vorgehen als verantwortungslos und inkompetent bezeichnet werden muss. Dass Training, Behandlung oder auch Therapie bei problematischen Vierbeinern niemals ohne Vorschaltung einer Anamnese erfolgen sollten, wird besonders dann deutlich, wenn wir uns an der Kausalkette des „Titanic-Aspektes“ orientieren.

KAUSALKETTEN

Fragen wir einfach einmal nach, warum die Titanic überhaupt untergehen konnte, so werden wir die deutlich überwiegende Antwort „Eisberg“ erhalten. Dabei war der Eisberg lediglich das letzte Glied einer sogenannten Kausalkette. Analytiker haben damals sicher nicht den Fehler gemacht, das letzte Glied „Eisberg“ zu analysieren. Am Eisberg gab es logischerweise in Sachen Ursächlichkeit nichts zu untersuchen. Sehr wohl aber gab es vor der Kollision mit dem Eisberg gleich mehrere unglückliche Umstände, die in ihrer Gesamtheit den tragischen Vorfall hervorgerufen hatten – unter anderem Dunkelheit, Nebel, zu hohe Geschwindigkeit, Routenabweichung und vor allem mehrfaches menschliches Versagen.

Ein weiteres Beispiel aus der Praxis soll uns deshalb zeigen, worauf es bei der Bewertung von Verhaltensauffälligkeiten bei einem Hund ankommt.

AUS DER PRAXIS

Briard-Rüde Mischko macht seiner Halterin zunehmend Sorgen. Er ist mittlerweile 2 Jahre alt und kam schon als 10 Wochen alter Welpe in die Familie. Die erste Zeit verlief aus Sicht der Halterin sehr gut. Mischko hatte sich gut eingelebt und die drei Kinder (6, 8 und 9 Jahre alt) in der Familie hatten gerade in der ersten Zeit sehr viel Freude an ihm. Für Mischkos Halterin, sie war seine Hauptbezugsperson, war der Rüde zudem ein willkommener Ausgleich für die Strapazen im Haushalt. Mit ihr gab es regelmäßig Spaziergänge, Ballspiele und auch tägliches Toben mit Artgenossen war angesagt. Doch in den vergangen Monaten veränderte sich Mischko zunehmend. Er wirkt mittlerweile ständig unruhig, bellt viel und knurrt auch seit Neuestem Spaziergänger und Besucher bedrohlich an.
Auch hat er nach Aussage seiner Halterin mittlerweile kaum noch Interesse, mit ihren drei Kindern zu spielen, was noch vor einem halben Jahr ganz anders war.

Es gibt nicht die „eine" Ursache für Bissigkeit bei einem Hund! Stets spielen verschiedene Faktoren zusammen, die dann das unerwünschte Verhalten auslösen.

Der Charakter eines Hundes wird auch durch seine genetische Disposition (Rassemerkmale) beeinflusst.

Nun stellen wir uns einfach einmal vor, wir würden – ohne Anamnese – umgehend mit irgendeinem pauschal verordneten Training beginnen. Wir würden einfach spekulieren, dass Mischko als noch nicht ganz erwachsener Rüde nicht richtig beschäftigt bzw. ausgelastet sein könnte. Stellen wir uns weiter vor, wir würden Mischko „Fahrradfahren" verordnen, damit er richtig ausgepowert werden kann. Zudem würden wir, weil er ja auch Aggressionen (knurren) zeigt, die Hausstandsregeln verschärfen und eine konsequentere Erziehung einfordern.
Obwohl diese Denkweise absurd, inkompetent, ja sogar als stümperhaft zu bezeichnen ist, gehen leider noch immer viele Hundetrainer genauso vor, wenn sie mit problematischen Hundecharakteren konfrontiert werden. Sie legen sich schnell fest und dies meist deshalb, weil sie schon einmal einen ähnlichen Fall hatten, bei dem genau diese Maßnahmen geholfen hatten. Da jedoch ein kompetenter und professionell arbeitender Hundetrainer keinesfalls auf eine gründliche Anamnese verzichten wird, kommt dieser im Ergebnis vermutlich zu einer völlig anderen vorläufigen Diagnostik und damit auch zu einer individuell ausgerichteten Trainingsplanung. Und nur ein individuell ausgerichtetes Training kann letztlich den erhofften Erfolg bringen. Bei „Behandlungen" ohne gründliche Anamnese kann es letztlich immer nur Zufallstreffer geben, wenn doch einmal ein Erfolg zu verbuchen sein sollte.

URSACHENFORSCHUNG

Ähnlich akribisch wie die Ermittlungsarbeit der Polizei oder eines Detektivs gilt es analytisch vorzugehen, um möglichst viele Fakten und Indizien zu sammeln. Denn erst dann kann es möglich sein, die näheren Zusammenhänge zu einem gegebenen Sachverhalt erklärbar zu machen.
Beim Briard-Rüden Mischko müsste in Bezug auf die vorliegenden Verhaltensauffälligkeiten den nachfolgenden Aspekten unbedingt Beachtung geschenkt werden.

1. BEACHTUNG DER RASSEZUGEHÖRIGKEIT

Wir können fest davon ausgehen, dass wir in jeder Hunderasse individuelle Merkmale finden, die den grundlegenden Charakter des Vierbeiners kennzeichnen. Das liegt an der sogenannten genetischen Disposition. Die Rassemerkmale eines Briards unterscheiden sich beispielsweise erheblich von den Rassemerkmalen eines Rottweilers. Und gerade beim Briard ist bekannt, dass er als sensibler, intelligenter Vierbeiner bei optimaler Entwicklung im Alter von drei bis vier Jahren ein stabiler, ruhiger und ausgeglichener Familienhund sein kann. Allerdings ist – und das ist unsere langjährige Erfahrung – bei einer ungünstigen Entwicklung die Stressanfälligkeit, innere Unruhe, Hektik und Nervosität gerade bei dieser Rasse auffällig.
→ Die Rassezugehörigkeit muss (!) deshalb in der Ursachenforschung immer berücksichtigt werden, denn sie wirkt sich immer auch auf eine Verhaltensentwicklung aus. Wie ein Hund in seinem künftigen Leben mit Stress umgeht, wird grundsätzlich auch von der Rassezugehörigkeit mitbestimmt.

Wir werden später, wenn wir uns das „Verhaltensrad“ eines Hundes näher anschauen, Begriffe wie Temperament, Energie, Lernen und Kooperation vorfinden. Auch diese Aspekte werden zu einem Teil durch vorgegebene genetische Bausteine mitbestimmt (siehe S. 126 f.).

2. ZÜCHTERISCHE KONSTELLATION

Wo genau kommt Mischko her, wie waren die züchterischen Bedingungen? War der Züchter ein verantwortungsvoller Liebhaber der Rasse oder war er – schlimmstenfalls – nur ein „Vermehrer“, der eine Vielzahl von Hunden, auch Hunde anderer Rassen, in seiner Zuchtstätte beherbergt. Welche „Persönlichkeit“ hatte die Mutter von Mischko? Wurde sie von Mischkos neuer Familie möglicherweise auch als unruhig bzw. verhaltensauffällig wahrgenommen? Und wie viele Wurfgeschwister hatte Mischko? Wie verhielt er sich im Vergleich zu den Wurfgeschwistern? Gab es dahingehend auffällige Wahrnehmungen? Konnte auch die Fütterungspraxis in der Zuchtstätte beobachtet werden? Wenn ja, wurden die Welpen alle aus einem großen Napf gefüttert oder hatte jeder Welpe seinen eigenen Napf? Gibt es vielleicht noch Kontakt zu den Wurfgeschwistern und wenn ja, wie haben diese sich zwischenzeitlich in ihrem Verhalten entwickelt?
→ In den ersten Wochen beim Züchter werden im Gehirn des Welpen grundlegende Muster angelegt (Synapsenbildung), die mitentscheidend sind, mit welchem Stressmanagement der Hund später einmal ausgestattet sein wird. Wenn ein Welpe nach acht, zehn oder zwölf Wochen in seine neue Familie kommt, wurden somit bereits zwei Grundsteine im Vorfeld gelegt: die genetische Disposition und das kurze, aber mitentscheidende Leben beim Züchter.

Die Besitzerin von Mischko teilte uns mit, dass sie und ihre Familie die Zuchtstätte zweimal vor der Übernahme des Welpen aufgesucht hatten. Beim ersten Mal war Mischko 4 Wochen und beim zweiten Mal 8 Wochen alt. Aus heutiger Sicht habe dort schon eine sehr unruhige Atmosphäre geherrscht. Mischko und seine sieben Geschwister hatten die ganze Zeit über sehr aufgeregt und unruhig gewirkt. Ja, und tatsächlich hatten sie beim zweiten Besuch auch die Gelegenheit, beim Füttern zuzuschauen und tatsächlich wurden alle acht Welpen gemeinsam aus einem großen Napf gefüttert. Dabei gab es auch Streit unter den Wurfgeschwistern.

3. BESCHREIBUNG DER ANFÄNGE

Wie verliefen die ersten Tage für den Welpen Mischko in seiner neuen Familie? Hat er sich schnell und unproblematisch eingelebt oder gab es irgendwelche nennenswerten Auffälligkeiten bzw. Besonderheiten? Gab es Besuche in der Welpenschule? Wenn ja, wie und mit welchen Inhalten wurden dort die Kursstunden durchgeführt? Was wurde im Alltag alles mit Mischko unternommen, was hat er erlebt und gelernt? Wie verlief das Zusammenleben zwischen Mischko und den Familienmitgliedern – hier insbesondere auch der Umgang der Kinder mit dem Hund?

Für Kinder haben Hunde unbestreitbar einen hohen pädagogischen Wert. Hunde bereichern das Leben von Kindern und umgekehrt.

Allerdings nur dann, wenn sich die Eltern der Kinder und damit die Hundehalter ihrer Verantwortung bewusst sind, und die Kinder im Umgang mit dem Hund anleiten.

→ Die ersten Wochen bis Monate in der neuen Familie schreiben weitere „Programme" in das Gehirn des Welpen. Umso wichtiger ist es, alles in Erfahrung zu bringen, was bis zur Pubertät als Auffälligkeit oder Besonderheit bezeichnet werden kann. Insbesondere negative Erfahrungen haben in der Welpen- und Junghundezeit deutlich höhere prägeähnliche Einflüsse als bei einem erwachsenen Vierbeiner.

Wie sich herausstellte, wurde mit Mischko von Beginn an viel zu viel unternommen. Gerade in den ersten Tagen und Wochen war Mischko nicht nur der viel beachtete Mittelpunkt innerhalb seiner Familie. Auch Nachbarn, Freunde und Verwandte hatten ihre Freude an dem Hund. Die drei Kinder hatten sogar öfters Streit untereinander, weil sie sich nicht einigen konnten, wer gerade dran war, um mit Mischko zu spielen. Der häusliche Bereich wurde dadurch für den Rüden keine Ruheoase, sondern das Leben in einem „Hamsterrad", aus dem ihn niemand in der Familie herausließ.
Ausreichende Ruhephasen? Fehlanzeige! Und dies, obwohl ausgiebige Ruhephasen für eine optimale Entwicklung eines Hundewelpen unabdingbar sind. Dabei sollte klar sein, dass ohne Rückzugs- und Ruhezeiten auch das Anpassungssystem gegenüber Stress nicht mehr richtig funktionieren kann.

4. PUBERTÄRE ENTWICKLUNG

Das Verhalten von Mischko hat – auch unter Berücksichtigung seiner Sexualentwicklung – vor, während und nach der Pubertät, wie bei jedem Hund einen garantierten Einfluss auf die Verhaltensentwicklung. Kam es dabei zu Auffälligkeiten? Wie wird die Intensität seines Sexualtriebes eingeschätzt? Welche „Macken" haben sich im Verlauf der Pubertät entwickelt? Was hat sich im Sozialverhalten gegenüber Familie und Artgenossen vor- oder nachteilig verändert?
→ Im Verlauf der Pubertät kommt es zu sogenannten Umbauprozessen im Gehirn. Diese Umbauprozesse nehmen selbstverständlich Einfluss auf künftig folgendes Verhalten. Viele Hundehalter beklagen auch die in dieser Zeit reduzierte Ansprechbarkeit des Vierbeiners. Er tut Dinge, die er noch nie getan hat, und andere Dinge tut er nicht mehr, obwohl er sie vor der Pubertät getan hat. Hier gibt es deutliche Parallelen zu Eltern-Kind-Beziehungen. Dabei ist das männliche Geschlechtshormon Testosteron bei Rüden für Verhaltensveränderungen erheblich mitverantwortlich. Testosteron wirkt allerdings nicht nur unter sexuellen Aspekten, sondern nimmt auch häufig positiven Einfluss auf die soziale Entwicklung und auf das künftige Stress- und Konfliktmanagement. Nicht nur aus diesem Grund sollte – von begründeten Ausnahmen abgesehen – der Gedanke an eine Kastration erst überhaupt nicht aufkommen.

Auch Mischko hatte sich während der Pubertät – die ja noch immer nicht abgeschlossen war – charakterlich verändert. Er wollte schon seit einiger Zeit nicht mehr der knuddelige Spielpartner für die Kinder sein. Auch war er nicht mehr so verspielt wie noch als Welpe. Er achtete genau darauf, ob die Artgenossen, auf die er traf, Rüden oder Hündinnen waren. Mit Hündinnen spielte er nach wie vor sehr gern. Mit Rüden hingegen fing er zunehmend Streit an. Man merkte ihm schon seit einigen Monaten an, dass sein ursprünglich „kindliches" Gemüt mehr und mehr in den Hintergrund rückte.

5. GESUNDHEITLICHE ASPEKTE

Lagen in der Vergangenheit gravierendere Erkrankungen vor? Ist der Hund aktuell gesund? Wurde bereits eine Blutuntersuchung zur Beurteilung der Organfunktionen durchgeführt? Gibt es möglicherweise Störungen im Bewegungsapparat?

Auch die Ernährung eines Hundes hat Einfluss auf sein Verhalten und wird bei einer Anamnese berücksichtigt.

→ Bei jedem (!) Hund, der schleichende oder auch plötzliche Verhaltensveränderungen aufzeigt, deren Ursachen fraglich bzw. nicht erklärbar scheinen, sollte unbedingt ein großes Blutbild, ein Schilddrüsenprofil sowie eine Untersuchung des Bewegungsapparates erfolgen. Allzu häufig liegen Ursachen bzw. Mitursachen in gesundheitlichen Störungen, die nicht offen erkennbar sein müssen, tiermedizinisch jedoch belegt werden könnten.

Zu diesem Anamnese-Punkt gab es glücklicherweise Entwarnung. Mischko wurde erst vor kurzem tiermedizinisch untersucht (großes Blutbild, Schilddrüse und Bewegungsapparat) und dabei gab es keinerlei Auffälligkeiten.

6. DIE ERNÄHRUNG DES HUNDES

Welche Art der Fütterung wird bzw. wurde bei Mischko durchgeführt? Bekommt er fertiges Trockenfutter, Nassfutter oder wird er „gebarft" (Anmerkung: „gebarft" steht für BARF – **B**iologisch **A**rtgerechte **R**ohe **F**ütterung für Hunde)? Wie oft am Tag wird Mischko gefüttert? Welche Rituale werden damit verbunden? Bekommt er sein Futter nur aus der Schüssel oder wird auch die sogenannte Handfütterung praktiziert?

→ Die uralte Redensart „Man ist, was man isst" kommt nicht von ungefähr und hat einen hohen Wahrheitsgehalt. Mittlerweile herrscht auch unter Fachleuten im Hundewesen Einigkeit darüber, dass das Verhalten unserer Hunde auch von der verabreichten Ernährung abhängt. So kann z. B. eine sehr einseitige Ernährung negativen Einfluss auf den Stoffwechsel, die Stresshormone oder auf das Organsystem haben. Auch eine fleischlastige Ernährung kann zu Problemen im Organsystem führen. Idealerweise trifft man im Rahmen einer Anamnese auf eine ausgewogene Ernährung. In vielen Fällen wird nach einer Anamnese bei verhaltensauffälligen Hunden auch der Ernährungsplan umgestellt bzw. verändert.

Hunde benötigen einen Rückzugsbereich, z. B. einen Korb, eine Decke oder eine Box, in dem sie nicht gestört werden dürfen.

Abwechslungsreich und hochwertig ernährt, ergaben sich keine Anhaltspunkte für Ernährungsdefizite bei Mischko. Er wird und wurde zweimal täglich gefüttert, zeigte eine sehr gute Futterverträglichkeit und auch die Blutwerte sprachen für eine gesunde Ernährung.

7. REGELN IM HÄUSLICHEN BEREICH

Kennt Mischko sogenannte Hausstandsregeln? Gibt es geordnete Strukturen bzw. örtliche Bereiche, die erlaubt sind und welche, die tabu sind? Hat Mischko einen gesicherten Rückzugsbereich, der ihm auch Ruhe garantieren kann? Wo befinden sich seine bevorzugten Liegeplätze und können sie eine strategische Relevanz haben? Haben Mischkos Halter auch Kompetenzen, ihn bei Bedarf formal, situativ und vor allem individuell angepasst zu reglementieren und zu führen (Führkontrolle)?

→ Es gibt Hunde, die dürfen alles, und es gibt Hunde, die dürfen nichts im häuslichen Umfeld. Beides ist nicht gut. Konsequent einzuhaltende Regeln vermitteln Sicherheit und Orientierung, Regeln im Übermaß können aber auch die Lebensqualität eines Vierbeiners deutlich reduzieren. Auch hier gilt es, neben einem gesunden Mittelmaß, die individuellen Bedürfnisse eines jeden einzelnen Hundes auszuloten.

Wie sich herausstellte, fehlten bei Mischko die „geordneten Strukturen“ im häuslichen Bereich. Nicht nur, dass der Rüde weitgehend grenzenlos tun und lassen konnte, was er wollte. Er hatte auch wenig bis keine Rückzugsmöglichkeiten, die ihm ausreichend Schutz und Ruhe vor den Kindern gewährleisteten. Und letztlich war es für Mischkos Halterin immer schwieriger geworden, eine ausreichende Führkontrolle (Gehorsam) auszuüben.

8. EINHALTUNG VON RUHEPHASEN

Kann Mischko neben der Nachtzeit auch tagsüber zur Ruhe finden? Ist er bei jedem Anlass in der Familie eingebunden? Ist ständig jemand für ihn da? Wird er in den eigenen vier Wänden permanent beschäftigt? Wie lange ist seine geschätzte Ruhezeit in Stunden gerechnet?

→ 16 bis 18 Stunden von täglich 24 Stunden sollte idealerweise ein Hund ruhen können (schlafen/dösen). Diese Stundenzahl resultiert aus übereinstimmenden Erfahrungen der allermeisten Hundetrainer und wird auch von vielen wissenschaftlich orientierten Verhaltensbiologen bestätigt. Es ist erschreckend zu beobachten, wie anstrengend und belastend das Leben eines Familienhundes sein kann, wenn ihm keine ausreichende Ruhe gewährt wird. Die allermeisten instabilen, unruhigen oder auch nervösen Vierbeiner leiden unter einem erheblichen Ruhedefizit! Das stellt eine enorme Belastung für den gesamten Organismus des Hundes dar. Und, im Gegensatz zur Katze, suchen Hunde von sich aus auch bei Erschöpfung keine Ruhe – es sei denn, man bringt es ihnen bei.

Mischko kam unter zeitlicher Berücksichtigung nicht einmal annähernd auf diese empfehlenswerten Ruhephasen. Nahezu ganztägig war er in das familiäre Alltagsgeschehen eingebunden. Ruhephasen konnte er lediglich zur Nachtzeit in Anspruch nehmen. Tagsüber war kaum daran zu denken.

9. VERHALTEN GEGENÜBER SOZIALEN UND SONSTIGEN UMWELTEINFLÜSSEN

Wie stabil oder auch instabil zeigt sich Mischko gegenüber fremden Menschen? Gegenüber Artgenossen? Gegenüber sozialfremden Einflüssen wie Geräusche, bewegte oder unbewegte Objekte? Kann er generell gut oder weniger gut mit stressfördernden Reizen umgehen?

Hier geht es um die Klärung, wie gut oder weniger gut das sogenannte Stresssystem bei Mischko funktioniert.

→ Jeder Hund besitzt sein individuelles Anpassungssystem gegenüber Stressoren. Kann ein Hund generell gut mit Stress umgehen, ist er natürlich viel belastbarer als ein Artgenosse, der in der Stressbewältigung Defizite vorweist.

Sich einfach einmal mit seinem geliebten Spielzeug selbst beschäftigen, auch das ist für Hunde wichtig.

Insbesondere bedingt durch das wenig strukturierte Leben im häuslichen Bereich und den damit verbundenen, unzureichenden Ruhephasen, konnte sich das Stresssystem bei Mischko nicht optimal entwickeln. Für eine bestmögliche Stressbewältigung sind ausreichende Ruhephasen zwingend erforderlich und diese lagen nicht vor.

10. BESCHÄFTIGUNG, FREIZEITGESTALTUNG

Wer in der Familie unternimmt was, wann, wo und wie oft zusammen mit Mischko? Wird er überhaupt beschäftigt und wenn ja, in welcher Form? Wie sieht generell die Freizeitgestaltung mit Mischko aus? Wie lernwillig, lernfähig und kooperativ zeigt er sich im Alltag?
→ Dieser Aspekt wird im Rahmen einer Ursachenanalyse leider völlig unterschätzt. Die Art, Intensität und Dauer einer Beschäftigung für den Vierbeiner hat einen enormen Einfluss auf dessen Verhaltensrepertoire. Leider wissen in diesem Zusammenhang die wenigsten Hundehalter, dass unruhige oder gar hektische Hunde keine (!) aktionsfördernde, sondern im Gegenteil, ruhe- und konzentrationsfördernde Beschäftigung erhalten sollten (siehe auch S. 186 ff.).

11. TAGESABLAUF

Wie sieht ein üblicher bzw. durchschnittlicher Tagesablauf für Mischko aus?
→ Die Schilderung des Tagesablaufes gibt uns ganz häufig weitere wichtige Erklärungen für bestehende Verhaltensauffälligkeiten. Hunde lieben es, Planungssicherheit und Struktur im Tagesablauf zu erkennen.

Dass der Tagesablauf für Mischko deutlich zu „beladen" war, konnte ja bereits im Rahmen einiger anderer Anamnesepunkte festgestellt werden. Über die Frage nach einem durchschnittlichen Tagesablauf lassen sich häufig noch weitere Details erkennen, die Aufschlüsse für eine vorläufige Diagnostik erbringen können. Bei Mischko haben wir den Vorteil, dass wir von Geburt an alle Entwicklungsstadien in etwa kennen. Doch was ist mit den sogenannten „Secondhand-Hunden", deren Vorgeschichte völlig unbekannt ist?

ANAMNESE BEI SECONDHAND-HUNDEN

Wird ein bereits fünfjähriger Hund aus dem Tierheim von einer Menschenfamilie aufgenommen, dann ist die Ursachenforschung schon etwas komplizierter. Ist dieser Hund dann noch ein Fundhund, dann fehlen uns wichtige Abschnitte in seinem Leben. Es fehlen drei wichtige Elemente:

— Züchterische Konstellation
— Beschreibung der Anfänge
— Pubertäre Entwicklung

Übrig bleiben noch die weiteren acht Anamnese-Punkte für die Ursachenforschung. Einem Hundetrainer, der einen Vierbeiner „ohne" Vorgeschichte zu beurteilen hat, können in diesem Zusammenhang letztlich nur Hypothesen weiterhelfen. Und das sind nichts anderes als Wahrscheinlichkeitsvermutungen, deren Grundlage das Erfahrungsspektrum des Trainers sein sollten. Liegen keine Erfahrungen vor, gibt es anstelle von Hypothesen nur Spekulationen, also nur vage und substanzlose Vermutungen, die gravierende Fehler in der Trainingsplanung nach sich ziehen können.

Es gibt viele Wege zu geistiger und körperlicher Fitness.

DAS „VERHALTENS-RAD"

Es gilt, auf der Grundlage einer Anamnese alle relevanten Daten möglichst so zu erfassen, dass sich ein Beurteilungsergebnis möglichst transparent und bestenfalls grafisch darstellen lassen kann. In der Verhaltensbiologie wird dafür häufig ein Ethogramm erstellt. **Ein Ethogramm ist eine möglichst genaue und detaillierte Bestandsaufnahme aller festgestellten Verhaltensweisen, dargestellt in einer mehr oder weniger übersichtlichen Grafik.**

Beim Umgang mit verhaltensauffälligen Hunden, ist eine Verwendung von Grafiken aus Gründen der Übersichtlichkeit und Vergleichbarkeit empfehlenswert und so ist auch bei uns das „Verhaltens-Rad" entstanden. Idealerweise ist ein Rad rund und weist keine Ecken und Kanten auf. Gehen wir in diesem Zusammenhang davon aus, dass es einen Beispielhund „Primus" gäbe, der keinerlei Verhaltensauffälligkeiten aufweist. Alles wäre toll, die Mensch-Hund-Beziehung sowieso, das Befolgen von Hausstandsregeln, ausreichende Ruhephasen, gesundheitliche Fitness, gesunde, ausgewogene Ernährung, stabiles Stresssystem, ausgeglichenes Temperament, hohe Lern- und Kooperationsbereitschaft, sehr gute Führkontrolle und ideale, individuell ausgerichtete Beschäftigung bzw. Freizeitgestaltung. Das „Verhaltens-Rad" wäre somit als weitgehend „rund" zu bezeichnen. Beispielhund „Primus" (rote Linie) in Grafik 1 passt sich weitestgehend ideal an die in grüner Farbe vorgegebene, optimale Struktur des „Verhaltens-Rades" an. Die Punkte BQ, SS, TE, LK und FK können übrigens nicht auf der alleinigen Grundlage der Befragung beurteilt werden. Hier lässt sich eine zielgerichtete Beurteilung nur erreichen, wenn ein Hund nach dem Gespräch mit seinem Halter auch noch einer Verhaltensanalyse unterzogen wird. Die dabei gemachten Beobachtungen ergeben letztlich das Beurteilungsergebnis. Schauen wir allerdings jetzt einmal auf das mögliche Beurteilungsergebnis unseres Beispielhundes „Mischko", der ja zunehmende Verhaltensauffälligkeiten gezeigt hatte – siehe Grafik 2.

Bei Mischko gab es nur noch als bedeutend positiven Aspekt die auf ihn abgestimmte, ausgewogene Ernährung und zudem galt er unter tiermedizinischer Betrachtung als gesund. Alle anderen Anamnesebereiche „schrumpften" immer mehr zusammen. Besonders gravierend in diesem Zusammenhang: Die Tagesruhezeit betrug nur rund sieben Stunden (statt 18) und das Stresssystem war schon sehr in Mitleidenschaft gezogen. Klar muss sein, dass unter diesen Umständen auch alle anderen Aspekte, von der Beziehungsqualität bis hin zur Führkontrolle leiden. Auch die einseitige Beschäftigung (Ballspielen) erwies sich als zusätzlich stressfördernde Freizeitgestaltung. Zudem gab es für Mischko keinen Rückzugsbereich. Die nervende Aufdringlichkeit der drei Kinder hatte weitere Spuren hinterlassen. Da Mischko immer unruhiger wurde, mussten letztlich auch die Lern- und Kooperationsbereitschaft leiden. Die Beschreibung von Mischkos Frauchen ergab, dass er noch vor ungefähr einem Jahr in den meisten Bereichen stabiler gewesen war. Zum besseren Verständnis deshalb Grafik 3, wie Mischko möglicherweise als einjähriger Hund von uns eingeschätzt worden wäre.

Die damals schon fehlenden Ruhephasen, das Nerven der Kinder im häuslichen Bereich nebst falscher, einseitiger Beschäftigung wären natürlich damals schon als sehr kritisch angesehen worden. Alle anderen Punkte jedoch wären noch nicht in diesem „Schrumpfmodus" gewesen. **Der „Schrumpfmodus" ergibt sich aus dem Umstand, dass zwischen den jeweiligen Bereichen Synergieeffekte entstehen, und damit übertragen sich Mängel und Defizite aus dem einen Bereich – quasi ansteckend – auch auf andere Bereiche.** Insbesondere fehlende Ruhephasen wirken sich generell nachteilig auf das Stresssystem aus. Bei einem angeschlagenen Stresssystem wiederum leidet häufig die Beziehungsqualität zwischen Hund und Halter. Ist die Beziehungsqualität wiederum geschwächt, reduzieren sich erzieherische Kompetenzen und damit die Führkontrolle. Der einzig glückliche Umstand dürfte dabei sein, dass sich die vielen Defizite noch nicht auf die körperliche Gesundheit ausgewirkt haben. Oftmals ist aber genau diese Wechselwirkung auch zu beobachten. Das bedeutet im Ergebnis auch, je früher bei aufkommenden Verhaltensauffälligkeiten reagiert wird, umso besser die Chancen auf nachfolgende Trainingserfolge.

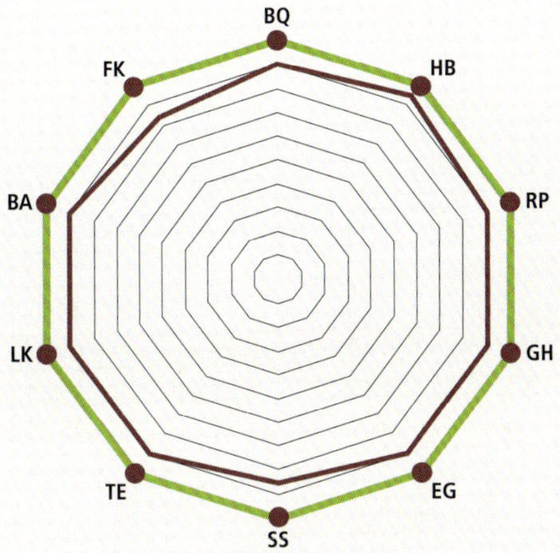

Datum:
Name des Hundes: Primus
Name Halter: Bernd Mustermann

BQ = Beziehungsqualität
HB = Häuslicher Bereich
RP = Ruhephasen
GH = Gesundheit
EG = Ernährung
SS = Stresssystem
TE = Temperament/Energie
LK = Lernen/Kooperation
BA = Beschäftigung/Auslastung
FK = Führkontrolle

Grafik 1

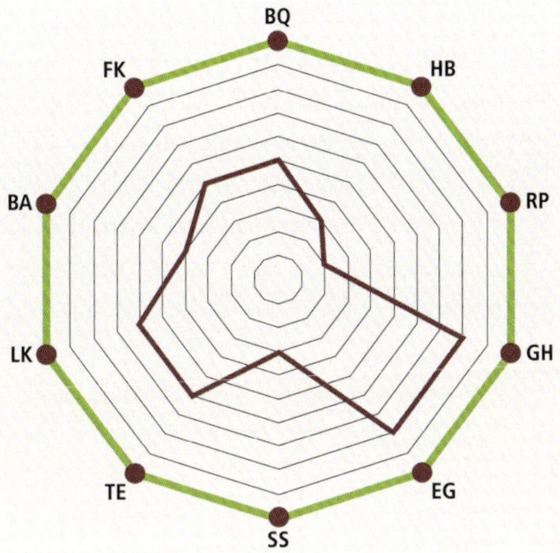

Datum: 12.12.2020
Name Hund: Mischko
Name Halter: Beate M.

BQ = Beziehungsqualität
HB = Häuslicher Bereich
RP = Ruhephasen
GH = Gesundheit
EG = Ernährung
SS = Stresssystem
TE = Temperament/Energie
LK = Lernen/Kooperation
BA = Beschäftigung/Auslastung
FK = Führkontrolle

Grafik 2

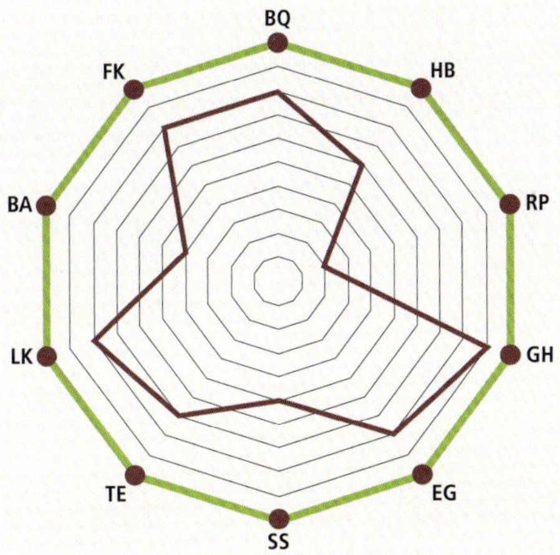

Verhaltenseinschätzung
ein Jahr vorher

Datum: Ende 2019
Name Hund: Mischko
Name Halter: Beate M.

BQ = Beziehungsqualität
HB = Häuslicher Bereich
RP = Ruhephasen
GH = Gesundheit
EG = Ernährung
SS = Stresssystem
TE = Temperament/Energie
LK = Lernen/Kooperation
BA = Beschäftigung/Auslastung
FK = Führkontrolle

Grafik 3

THERAPIE-/TRAININGS-ANSATZ

Kurz und prägnant das erfolgversprechende Vorgehen, um Mischko wieder deutlich stabiler, ruhiger, kooperativer und letztlich zufriedener werden zu lassen:

1. Deutliche Erhöhung der Ruhephasen durch schrittweises Vorgehen. Beispielsweise Gewöhnung an eine „Ruhe-Box“. Diese darf unter tierschutzrechtlicher Betrachtung nicht als Aufbewahrungs-Box missbraucht werden, sondern ist ausnahmslos zur Erhöhung der so wichtigen Ruhephasen gedacht. Mischko erhält in diesem Zusammenhang zudem einen Rückzugsbereich, der für die Kinder als absoluter Tabu-Bereich zu gelten hat.
1. Tägliche Entschleunigungs-Übungen! Hierfür reicht ein Zeitfenster zwischen zehn und 20 Minuten. Anfangs sollten Entschleunigungs-Übungen (siehe S. 142 ff.) unter fachkompetenter Anleitung erfolgen. Später kann die Halterin von Mischko diese Übungen auch ohne Unterstützung durchführen.
2. Konzentrationsfördernde Beschäftigung anstelle von Ballspiel. Beispielhaft seien genannt: Nasenarbeit z. B. über eine „Schnüffeldecke“, Suche und Anzeige von Kleinstgegenständen, wie in der ZOS® (Zielobjektsuche), Trick-Dog-Varianten zur Förderung der Konzentration und Impulskontrolle sowie zur Erhöhung der Frustrationstoleranz.
3. Exzessives Toben und Rennen mit Artgenossen sollte durch ruhigere Interaktionen mit anderen Hunden ausgetauscht werden. Die Kommunikation mit anderen Hunden muss keinesfalls verboten werden, doch ist darauf zu achten, dass hektisches Umherrennen vorübergehend unterbunden wird. Denn durch eine extrem hohe freudige Erregung (Aufregung) lässt sich ein bereits angeschlagenes Stresssystem nicht (!) stabilisieren. Damit muss klar sein, dass es kein „Hundeverbot“ gibt, sehr wohl aber muss eine gezielte Auswahl an vierbeinigen Kommunikationspartnern erfolgen. Diese sollten quasi „vernünftig“ kommunizieren und nicht in erster Linie Spielpartner für gegenseitige „Hetzjagden“ sein.

Die Erhöhung der Ruhephasen wirkt sich positiv auf das Verhalten aus.

Bereits diese vier genannten Trainings- oder Umstellungselemente verbessern erfahrungsgemäß die Lern- und Kooperationsbereitschaft, entlasten das Stresssystem, verhelfen zu mehr innerer Ruhe und Gelassenheit und stabilisieren die Mensch-Hund-Beziehung sowie die Führkontrolle.
Es ist nicht wichtig, möglichst viel zu unternehmen, um einen verhaltensauffälligen Hund zu stabilisieren. Es ist nur wichtig, das Richtige zu tun!
Wenn wir 20 bis 30 Jahre zurückdenken, können wir durchaus zustimmen, dass damals viele Hunde als körperlich und geistig unterfordert gelten mussten. Das hat sich bis in die heutige Zeit radikal geändert. Die allermeisten Hunde, die uns als verhaltensauffällig vorgestellt werden, sind keinesfalls unter-, sondern überfordert!

Zwischen Frühförderung eines Welpen und Überforderung liegt nur ein schmaler Grat.

HÄUFIGSTE DIAGNOSE: ÜBERFORDERUNG DES HUNDES

Wir finden sie heute schon in der Welpenzeit, die durch Menschenhand festgelegten Programme zur Überforderung unserer Hunde. Da wird zum einen suggeriert, wie enorm wichtig doch eine optimale Sozialisation für den Welpen ist und gleichzeitig der drohende Hinweis damit verbunden, in dieser wichtigen Zeit (ca. von der 8. bis zur 16. Lebenswoche) bloß keine Versäumnisse zu riskieren. Dabei passiert mit genau dieser Denkweise teilweise Verheerendes im Kopf vieler Welpen. Durch die Überforderung entstehen im Gehirn des Welpen nämlich nicht die erhofften klaren Strukturen, sondern – vergleichsweise – ein „Gestrüpp" von wilden und unstrukturierten Synapsen, die im schlimmsten Fall als Garanten für späteres problematisches Hundeverhalten gelten können.

„SYNAPSEN-FASCHING"

→ Grundstein für Verhaltensprobleme

Es darf in der Welpenerziehung und -sozialisierung doch schon lange nicht mehr um den strikten Begriff Prägung gehen. Wer heutzutage richtig argumentiert, der wird vielleicht noch von „prägeähnlichen" Vorgängen sprechen, aber kaum noch von Prägung. Prägung hat der berühmte Verhaltensforscher Konrad Lorenz als irreversibel (unveränderbar) dargestellt. Doch damals wusste Lorenz noch nichts von der Neuroplastizität (Veränderbarkeit) des Gehirns. Lorenz dachte fälschlicherweise, dass Hirnzellen irgendwann absterben und keine neuen nachgebildet werden können. Viele Jahre lang galt es als wissenschaftlich belegt, dass unser Gehirn, sobald es einmal im Erwachse-

Sozialkontakte in der Welpenzeit sind wichtig, aber der Mensch muss dabei sein und wenn nötig regelnd eingreifen.

nenalter angekommen ist, nicht mehr veränderbar sein kann, und dass keine neuen neuronalen Verbindungen mehr entstehen. Dieser wissenschaftliche Irrtum gilt seit Mitte der 1980er-Jahre als – ebenfalls wissenschaftlich – widerlegt. Wenn somit heutzutage, 35 Jahre nach dieser Widerlegung, noch immer gebetsmühlenartig der Schmarrn von der unumkehrbaren „Prägephase“ herumgeistert, stimmt das schon bedenklich. Das bedeutet: Auch ein Welpe, der im Alter von 20 Wochen aus einem Stall geholt wurde, kann sich noch zu einem weitgehend normalen Hund entwickeln. Wobei wir damit auf keinen Fall eine Stallaufzucht verharmlosen wollen. Unter Umständen entwickelt er sich sogar zu einem normaleren Hund, als ein Welpe, der sich sein Leben lang mit einem Gehirn abfinden muss, in dem ständiger „Synapsen-Fasching“ vorherrscht.

Um es auf den Punkt zu bringen, wer viel oder gar inflationär das Gehirn eines Welpen mit Außenreizen bombardiert, kann ihn zu einem verhaltenskranken Hund aufbauen! Nach unserer Einschätzung und Erfahrung ist dieses Vorgehen latente (verborgene) Tierquälerei! Natürlich ist es sinnvoll, einen Welpen auf sein Leben vorzubereiten, ihn schrittweise und behutsam mit Umwelt- und sozialen Einflüssen zu konfrontieren. Doch es gilt: Qualität vor Quantität! Doch damit nicht genug! Im Alltag wird auch sehr darauf geachtet, das Leben eines Hundes so reichhaltig wie möglich zu gestalten. Entsprechend anstrengend sind dann die Tagesabläufe derart leidgeprüfter Vierbeiner. Das nun nachfolgende Beispiel zeigt uns, wie es nicht sein sollte. Leider treffen wir aber viel zu häufig auf derartige Geschehnisse.

AUS DER PRAXIS

TAGESABLAUF VON MAX

Früh aufstehen, erst einmal Gassi gehen, dann zurückkommen, füttern. Danach kann sich Mischlingswelpe Max frei bewegen, ist dabei auch meistens unterwegs, läuft viel seinen Menschen nach und achtet dabei stets darauf, den Anschluss nicht zu verlieren.
Mittags die nächste Gassirunde, diesmal zusammen mit vierbeinigen Kumpels. Es wird gerannt, getobt und gespielt bis annähernd zur Erschöpfung. Anschließend geht es entweder noch in die Welpenschule oder im Garten werden für Max noch Ball und Stöckchen geworfen. Etwas später dann füttern.
Am frühen Abend dann noch Suchspiele, soziales Spiel mit den Haltern und Streicheleinheiten. Vor dem Schlafengehen dann noch eine Gassirunde.
Ruhephasen an solch einem Tag? Fehlanzeige!

Dieses beispielhaft beschriebene Szenario wiederholt sich – im schlechtesten Fall an sieben Tagen in der Woche. Es gibt tatsächlich Hunde, die ein derartiges Programm weitgehend schadlos bewältigen können. Viele Vierbeiner jedoch werden derart auf Aktionismus „programmiert“, dass sie mittel- und langfristig nicht von stressbedingten Verhaltensauffälligkeiten verschont bleiben.

DIE SACHE MIT DEM SCHLECHTEN GEWISSEN

Es erscheint kurios, aber die wenigsten Hundehalter verhaltensauffälliger Hunde kämen von allein auf die Idee, dass sich ihre Vierbeiner vor allem deshalb „komisch“ verhalten, weil ihnen in erheblicher Weise Ruhezeiten fehlen. Ganz im Gegenteil, sollte tatsächlich mal eines der genannten Programme im Tagesablauf ausfallen, plagt sie das schlechte Gewissen. Wenn die Gassirunde mal nur eine Stunde statt zwei Stunden dauert, machen sie sich Vorwürfe, dem Hund nicht ausreichend gerecht geworden zu sein. Dass aber beispielsweise für einen stressanfälligen Hund ein zweistündiger Spaziergang auch zu viel werden kann, auf diese Idee kommen sie nicht.

ÜBERFORDERUNG DURCH ARTGENOSSEN

Unsere Familienhunde haben – im Vergleich zum Wolf – kein besonders kompetentes Sozialverhalten, wenn sie mit Artgenossen umgehen. Wir haben es mittlerweile geschafft, das soziale Spiel von Hund zu Hund derart in den Vordergrund zu stellen, dass für weitergehende soziale Fähigkeiten nicht wirklich ein Raum mehr bleibt. Dabei gehört zu sozialen Fähigkeiten weit mehr als soziales Spiel. Wird der Schwerpunkt im sozialen Umgang zwischen Hund und Hund einseitig auf Spielsequenzen reduziert, bleiben oftmals weitere wichtige Kompetenzmerkmale auf der Strecke. Schauen wir uns die Übersicht an, finden wir noch weitere, enorm wichtige Elemente unter dem Begriff Sozialkompetenz.
Was übrigens so viele unserer Hunde in unserer hundehaltenden Gesellschaft in ein schlechtes Licht rücken lässt, ist der häufig zu erkennende Mangel an gegenseitigem **Respekt**, an Anerkennung von geforderten **Individualdistanzen** und an der Unfähigkeit, soziale **Grenzen** zu erkennen und zu respektieren.

KERNELEMENTE DER SOZIALKOMPETENZ

- Kommunikations-Fähigkeit
- Interaktions-Fähigkeit
- Kooperations-Fähigkeit
- Respekt
- Individualdistanz
- Grenzen erkennen
- Grenzen setzen

ERLERNEN AUSGEWOGENER SENDER-EMPFÄNGER-PRINZIPIEN

AUSLANDS- UND WEITERE TIERSCHUTZHUNDE

→ Überforderung durch Umwelteinflüsse

Man stelle sich die psychische Belastung eines Hundes vor, der, aus einer ländlichen Gegend Rumäniens stammend, quasi von heute auf morgen in einer Berliner Stadtwohnung zu leben hat. Dieser Umstand ist kein Einzelfall, sondern ein immer häufiger anzutreffender Faktor in unserer tierschutzorientierten Gesellschaft. Nase, Ohren und Augen des Hundes nehmen plötzlich Sinneseindrücke wahr, wie sie fremdartiger kaum sein könnten. Der neue Lebensraum ist in vielfacher Hinsicht eine völlig andere Welt, als der Vierbeiner sie zuvor erlebt hat. Es gibt zahlreiche Auslandshunde, die – konfrontiert mit unglaublich vielen neuen Stressoren – das Leben in unserer zunehmend hektischer werdenden Welt kaum bewerkstelligen können. Resiliente (widerstandsfähige) Hundecharaktere kommen früher oder später mit dieser Flut an neuen Eindrücken zurecht. Viele aber erweisen sich nicht als widerstandsfähig und verkraften diese neue Welt nicht. Für sie bleiben bestenfalls Vermittlungen in bessere Lebensbedingungen und – im weniger günstigen Fall – die Verbringung in ein Tierheim.

Generell sollte jeder Hundehalter wissen, dass vor allem Tierschutzhunde aus dem Ausland, aber auch aus deutschen Tierheimen in der Eingewöhnungsphase (Erfahrungswert zwei bis vier Wochen) unbedingt reizarm untergebracht werden müssen. Das heißt, den Vierbeiner über ein paar Wochen erst einmal ankommen lassen, ihm soziale Geborgenheit und Planungssicherheit in vielerlei Hinsicht zukommen zu lassen. Erst wenn erkennbar wird, dass sich eine gewisse Stabilität im Verhalten des Hundes abzeichnet, kann kleinschrittig damit begonnen werden, ihm einen kleinen Teil der vielen neuen Außenreize zuzumuten. Ein schlechtes Gewissen beim Hundehalter ist somit dann angesagt, wenn er versuchen sollte, dem neu angekommenen Sozialpartner möglichst viel in möglichst kurzer Zeit zu vermitteln!

Hunde aus dem Ausland bitte langsam ankommen lassen und keinesfalls mit Reizen überfluten!

Das körpersprachliche „Stressgesicht" eines Tierheimhundes, für den nach der Vermittlung unbedingt ein „reizarmer" Start in sein neues Leben erforderlich wird.

ENTWICKLUNG EINER EIGENEN DYNAMIK

Es mag sein, dass nun die Frage aufkommt, was all diese beschriebenen Aspekte mit Entschleunigung zu tun haben. Nun, jeder lebende Organismus entwickelt auf der Grundlage äußerer Gegebenheiten seine eigene, individuelle Dynamik. Und unter Dynamik versteht man den Einfluss von Kräften auf die Bewegungsvorgänge von Körpern. Dieser physikalisch unumstrittene Effekt findet im übertragenen Sinn auch auf mentaler, emotionaler und damit psychologischer Ebene statt. Das Gehirn eines Hundes hat im Tagesverlauf eine Vielzahl von Außenreizen zu bewerten und auf der Grundlage dieser oftmals emotionalen Bewertung wird das Verhalten gesteuert. **Die Qualität und vor allem auch die Quantität (Vielzahl) von belastenden Außenreizen (Stressoren) sind immer dann für die Förderung von innerer Unruhe verantwortlich, wenn sie Erregungsprozesse freisetzen, die nur schwer oder überhaupt nicht kompensiert werden können.** Dadurch tritt eine Beschleunigung auf und diese nimmt der so wichtigen Entschleunigung den Raum, eine ausgleichende Wirkung im Organismus zu erzielen.

Im Folgenden werden wir noch etwas mehr in die Tiefe gehen, um letztlich ein Gefühl dafür zu bekommen, wie wichtig und wegweisend die Entschleunigung nicht nur für uns Menschen, sondern auch für unsere Hunde ist. Dass in der Ruhe vor allem Kraft liegt, entspringt keinem oberflächlich dahergesagten Sprichwort, sondern trifft in Sachen Entschleunigung vollumfänglich ins Schwarze. Dazu finden wir im nachfolgenden Kapitel noch tiefergreifendere Erläuterungen.

LA-KO-KO®

— *In der Ruhe liegt die Kraft*

MENTALTRAINING FÜR HUND UND HALTER

SOZIALES VERTRAUEN

Schon vor über fünfzehn Jahren haben wir damit begonnen, im Umgang mit besonders schwierigen Vierbeinern spezielle Ruheübungen mit Hunden und deren Haltern durchzuführen. Wir hatten damals erkannt, dass die Mehrzahl der aggressiven und häufig auch bissigen Hunde auch an permanenter Unruhe, Nervosität und Stressanfälligkeit litten. Dabei war uns klar, dass es nicht nur negative Stimmungsübertragungen von Mensch zu Hund, sondern auch umgekehrt gibt. Wenn es einem Hundehalter nicht gelingt, problematisches Verhalten seines Vierbeiners in den Griff zu bekommen, beginnt in kürzester Zeit ein sogenanntes Spießrutenlaufen für beide Individuen. Aus einem derartigen Teufelskreis kommen sehr viele Hundehalter allein nicht mehr heraus.

Wir hielten schon damals nichts davon, unruhige Hunde mit Leckerli und Spielzeug zu „beruhigen", da diese heute immer noch populären Maßnahmen nur einen Beitrag zur Stressreduktion, kaum aber zur Stressbewältigung leisten können.

Obwohl wir keinesfalls bestreiten wollen, dass in stressangereicherten Situationen beispielsweise Futter zu einer reduzierten Ausschüttung des Stresshormons Kortisol führen kann, bezweifeln wir auf der Grundlage unserer Praxiserfahrung, dass ein Leckerli einen Beitrag zur Stressbewältigung leisten kann.

Es gibt nämlich einen Unterschied zwischen Stress**reduzierung** und Stress**bewältigung** (siehe Infokasten links).

Das Problem bei der Leckerli-Variante ist meist, dass wir mit Futtergaben einfach nur bessere Rahmenbedingungen schaffen, die dazu beitragen können, die Stressintensität zu dämpfen. Gleichzeitig wird aber in den meisten Fällen eine Abhängigkeit von diesen Rahmenbedingungen konditioniert. Das bedeutet, fällt in einer vergleichbaren Stresssituation das Leckerli aus, ist das Stressempfinden wieder deutlich erhöht, weil ein Teil der Rahmenbedingungen fehlt.

Viel besser ist es hingegen, bei sozialer Unterstützung ein Aushalten der Stressoren ohne Leckerli zu trainieren und so dem Hund viel bewusster werden zu lassen, dass seine negativen Erwartungen nicht erfüllt werden und damit unbegründet sind. Der nachhaltige Erfolg wird nachfolgend durch weitere, regelmäßige Übungseinheiten über sogenannte Lernwiederholungen erzielt.

STRESSREDUZIERUNG UND -BEWÄLTIGUNG

Mit einer Stress**reduzierung** ist nicht automatisch eine Stabilisierung des Stresssystems verbunden, weil wir ja ein Hilfsmittel wählen (Leckerli), das letztlich das Stressempfinden verringert. Bleibt dieses Hilfsmittel jedoch einmal aus, ist bei sehr vielen Hunden wieder der Rückfall in das erhöhte Stressempfinden zu beobachten.

Verzichten wir allerdings auf ablenkende bzw. stimulierende, materielle Hilfsmittel und setzen dabei unseren Vierbeiner bewusst einer dosierten Konfrontation mit Stressoren aus, kommt es zu einer viel effektiveren Stress**bewältigung**. Die kritischen Außenreize (Stressoren) werden viel bewusster wahrgenommen und daraus ergibt sich eine bessere Stabilisierung des Stresssystems. Wichtigste Voraussetzung dabei: Der dem Vierbeiner sozial vertraute Zweibeiner befindet sich in dessen unmittelbarer Nähe.

Soziales Vertrauen gilt im Stressmanagement als alternativlos, um instabilen Hunden zu mehr Lebensqualität zu verhelfen.

BELOHNUNG KOMMT DANACH!

Es spricht allerdings nichts gegen eine Leckerli-Belohnung, wenn beispielsweise im Training das so wichtige „bewusste Aushalten" von Stressmomenten erfolgreich verläuft. Sobald in einer gezielten Übung der Außenreiz (Beispiel Staubsauger) entfernt wird, erholt sich der Vierbeiner wieder, weil ja die Distanz zwischen ihm und dem Konfliktherd vergrößert wird.

Genau in diesem zeitlichen Kontext kann sich eine Futterbelohnung durchaus motivierend auswirken. Etwas vermeintlich „Schreckliches" aushalten wird abschließend (!) belohnt und nicht das „Schreckliche" durch Leckerli angereichert.
Uns ist klar, dass es auch Erfolgsfälle gibt, bei denen mit der weniger empfehlenswerten Variante Hunde stabilisiert werden konnten. Im Vergleich jedoch ist die Methode „aushalten und dann belohnen" die deutlich erfolgversprechendere.

Seit vielen Jahren ein erfolgreiches Konzept zur Entschleunigung von Hunden: La-Ko-Ko®-Übungen, hier zu sehen im Übungsparcours „Labyrinth".

LA-KO-KO®

Da es nach unserer Überzeugung keinerlei Alternativen zu einer grundsätzlich sozialen Unterstützung (taktil und verbal) gab bzw. gibt, begannen wir damals, die Grundidee von La-Ko-Ko® umzusetzen:

La = Langsamkeit
Ko = Konzentration
Ko = Koordination

Mit einem sehr langsamen (um rund 80 Prozent reduzierte Gehgeschwindigkeit), dualen Führen an vorzugsweise Kopfhalter (Halti) und Halsband oder Geschirr, ergaben sich bereits nach zehn bis zwanzig Trainingseinheiten erkennbare und zunehmend nachhaltige Reduktionen der Erregbarkeiten bei Hund und Halter.
Zudem verlangten wir vom Hundehalter eine annähernd hundertprozentige Konzentration auf seinen neben ihm geführten Vierbeiner. Im Slalom- und Labyrinth-Training ging es dann noch um eine klare und konsequent umzusetzende Vorgabe der Bewegungsrichtung und auch der Bewegungsgeschwindigkeit.
Sehr früh wurde deutlich, dass genau dieser Weg ein ausgezeichneter „Entschleuniger" war, der vergleichsweise schnell dazu führte, dass sich die Erregungsprozesse sowohl beim Mensch als auch beim Hund positiv veränderten.
Interessanterweise war auch bei den meisten Hundehaltern ein regelrechter meditativer Aspekt zu beobachten. So berichteten die Zweibeiner nach dem Training immer wieder, dass sie sich innerhalb der Übungen ausgesprochen wohl und entspannt gefühlt hatten.
Genau dieser wichtige Aspekt gilt als erste Zielstellung in diesem Training! **Nur ein innerlich ruhigerer und gelassener werdender Zweibeiner ist in der Lage, einen negativen Stimmungswandel zu durchbrechen. So kann ein sozialer bzw. emotionaler Zugang in kritischen Alltagssituationen vom Menschen auf den Hund ermöglicht werden, der um ein Vielfaches wertvoller und effektiver ist, als jedes Leckerli oder Spielzeug.**

NEGATIVEM STRESS NICHT MIT POSITIVEM BEGEGNEN

Auf den ersten Blick scheint es effektiver zu sein, **negativen** Außenreizen ganz gezielt mit **positiven** Außenreizen zu begegnen. Man spricht dabei in Fachkreisen auch von der sogenannten Gegenkonditionierung. Dadurch soll ein Hund das Gefühl bekommen, dass eine für ihn stressreiche negative Situation letztlich mit positiven Erlebnissen verbunden sein kann. So wurde und wird auch heute noch beispielsweise der „schreckliche" Anblick

Einem Hund Konfliktsituationen im wahrsten Sinne des Wortes „schmackhaft" zu machen, erweist sich immer wieder als unzuverlässig.

eines entgegenkommenden Hundes (negative Erregung) mit attraktiven Angeboten wie Futter oder Spielzeug kombiniert (positive Erregung – Erwartungshaltung). Das soll irgendwann dazu führen, dass ein entgegenkommender Hund seinen „Schrecken" verliert und bestenfalls sogar eine gewisse Attraktivität erhält.
Bei geringgradig verhaltensauffälligen Hunden ist diese Gegenkonditionierung tatsächlich eine gute Wahl und wird von uns auch empfohlen. Doch bei den meisten schwerwiegenderen Fällen ist hier nur der Wunsch als Vater des Gedankens zu sehen. Sowohl Ablenkung als auch Gegenkonditionierung mittels Futter oder Spielzeug ist dann nicht mehr als ein hypothetischer Ansatz, dessen Wirkung durch die Alltagspraxis allzu häufig widerlegt wird. Hierfür gibt es gleich mehrere Gründe:

1. Erzieherische Maßnahmen und auch verhaltenstherapeutisches Training durch Ablenkung oder Gegenkonditionierung unterliegen grundsätzlich der Interessenkollision, da ein gezeigtes Verhalten auf freiwilliger Basis des Vierbeiners erfolgt!

Das bedeutet, wenn ich einem Hund innerhalb einer stressreichen Hundebegegnung Futter oder Spielzeug anbiete, kann er sich dafür entscheiden, muss es aber nicht. Im Rahmen einer Güterabwägung kann sich ein Vierbeiner auch gegen Ablenkung oder gegenkonditionierte Verhaltensweisen entscheiden und auf Kollisions- oder auch Fluchtkurs gegenüber dem entgegenkommenden Artgenossen gehen. Dann greifen auch zuvor durch positive Verstärkung optimal (an)trainierte Verhaltensweisen überhaupt nicht mehr.

2. Insbesondere Ablenkungsversuche können Stress zwar reduzieren, leisten aber viel seltener einen Beitrag zur viel wichtigeren Stressbewältigung.

Das Reduzieren von Stress kann zwar ein allererster Schritt in die richtige Richtung sein, das Aushalten und Bewältigen von negativem Stress muss aber zur Stabilisierung eines Verhaltens im Vordergrund stehen. „Rettet" sich ein gestresster Hund in das Angebot der Ablenkung, nimmt er besten- oder auch schlimmstenfalls die negativen Stressoren nicht mehr wahr. Durch eine ausbleibende Reizkonfrontation mit den negativen Stressoren fehlt dann die Stressbewältigung. Das kann in einer vernunftorientierten Verhaltenstherapie kaum gewollt sein, denn optimal stabilisieren kann sich ein Hund mit gravierenden Verhaltensauffälligkeiten über ablenkende Mechanismen nur in seltenen Fällen.

3. Wenn negative Einflüsse durch Außenreize mit positiven Einflüssen kombiniert werden, bleiben oftmals die Erregungsprozesse im Organismus bestehen!

So trainierte Hunde können deshalb in Konfliktsituationen nie wirklich zur Ruhe kommen. Innere Ruhe und zunehmende Gelassenheit ist aber genau das, was in kritischen Situationen Zwei- und Vierbeiner dringend benötigen.

Nicht Wut und Verzweiflung, sondern Verständnis und Toleranz für das Fehlverhalten des Hundes aufbringen und mit Kraft und Energie neue Umgangsformen entwickeln, das ist das Ziel von La-Ko-Ko®.

Eine Stressreduzierung in der Hundebegegnung mag durch ablenkende Spielangebote möglich sein, eine Stressbewältigung aber kaum.

SOZIALE UNTERSTÜTZUNG

Stressbelastete Hunde, die mittels sozialer Unterstützung durch den Menschen zunächst nur lernen, Stress in einer bewältigbaren Dosis auszuhalten, begreifen schon nach kurzer Zeit, dass ihre negativen Erwartungen nicht erfüllt werden. Dadurch kann sich in vergleichsweise kurzer Zeit eine verblüffende Stabilität gegenüber Stressoren entwickeln.

Worum es letztlich bei La-Ko-Ko® geht, ist viel weniger der funktionale Erfolg, ein unerwünschtes Verhalten des Hundes einfach nur abzustellen, als vielmehr das emotionale „Innenleben" von Mensch und Hund beiderseitig positiv zu verändern. Erreicht wird mit diesem Ruhetraining anfangs nicht der Hund, sondern dessen Halter, dem in der Veränderung seines eigenen Verhaltens der emotionale Zugang zu seinem Vierbeiner überhaupt erst ermöglicht werden kann.

Die Veränderungen des Menschen im Umgang mit seinem Hund schaffen völlig neue Rahmenbedingungen für den Vierbeiner. Die in den meisten Fällen erreichte Entschleunigung des Zweibeiners im Umgang mit seinem Vierbeiner überträgt sich oft schon nach sehr kurzer Zeit in deutlich erkennbarer Form auf das Verhalten des Hundes.

STANDBY-ÜBUNGEN

→ Kraftvolle Ruheübungen mit enormer Wirkung
Neben der typischen La-Ko-Ko®-Basisübung, dem dualen langsamen Führen an Kopfhalter und Halsband oder Geschirr (siehe S. 166 ff.), werden mittlerweile Ruheübungen im sogenannten La-Ko-Ko®-„Standby-Modus" in das Training mit einbezogen (siehe auch S. 146 f.). Wir kennen ja den sogenannten Standby-Modus aus unserem technischen bzw. digitalen Umfeld. Der Standby-Betrieb wird dabei mit einem reduzierten bzw. temporären Leistungsanspruch und damit auch mit einem reduzierten Energiebedarf in Verbindung gebracht. Genau darum geht es auch bei unseren Standby-Übungen im La-Ko-Ko®-Training.

ÜBUNG 1: RUHEÜBUNG

Ziel: Vermittlung einer möglichst bequemen Ruheposition für den Hundehalter.

Aufbau: Der Zweibeiner nimmt eine bequeme sitzende oder kniende Ausgangsposition ein. Vor seinem Körper und damit zwischen seinen Beinen befindet sich der Vierbeiner.

01 Einem instabilen Hund das so wohltuende Gefühl von sozialer Sicherheit zu vermitteln, ...

02 *... bedeutet, einen wertvollen Beitrag ...*

03 *... zu seiner Lebensqualität zu leisten.*

Idealerweise wird hierzu zunächst ein weitgehend bequemer Stuhl gewählt, auf den sich der Zweibeiner setzt. Dann „parkt" er seinen Vierbeiner zwischen seinen Beinen ein. Dabei kann der Hund selbst entscheiden, ob er lieber sitzen oder stehen bleiben will. In dieser vorgegebenen Position ist es dem Hund nur schwer möglich, diese zu verlassen. Seitlich durch die Beine des Hundehalters begrenzt, bleiben ihm nur noch der durch den Stuhl eingeschränkte Weg nach hinten und das Verlassen nach vorne. Letzteres wird das Verlassen jedoch durch die beiden Hände des Zweibeiners verhindert.

Voraussetzung: ein grundlegendes Vertrauensverhältnis zwischen Halter und Hund! Gilt diese Voraussetzung als erfüllt, sollte es dem Zweibeiner zunächst für zwei bis drei Minuten gelingen, seinen Hund ruhig in dieser Position zu halten. Am Anfang möglichst ohne Stressoren von außen, damit es nicht zu einer Überforderung von Zwei- oder Vierbeiner kommt.

Interessante Beobachtung: Die meisten Zweibeiner fühlen sich in dieser sitzenden Übung deutlich sicherer als stehend oder gehend, was sich im Sinne einer positiven Stimmungsübertragung häufig auch auf den Vierbeiner auswirkt.

Schwierigkeiten: Ausbruchsversuche des Hundes gibt es anfangs in den meisten Fällen. Meist deshalb, weil sich die Vierbeiner in ihrer „persönlichen" Entscheidungsfreiheit eingeschränkt sehen und deshalb quasi protestieren. Doch diese von uns einkalkulierten Proteste sind letztlich fast immer wirkungslos. Konsequent und unnachgiebig fordert der Zweibeiner die Ruheposition ein, ohne allerdings jemals wütend bzw. aggressiv zu reagieren. Nachhaltige Kontinuität führt nach kurzer Zeit nahezu ausnahmslos zur Einstellung der Proteste. Das ruhige Halten durch den Hundehalter bedeutet allerdings keinesfalls Klammern und Drücken. Die Hände bleiben ruhig und sanft und vor allem synchron am Brustkorb anliegen.

ÜBUNG 2: KOMFORTZONE

Ziel: Die stehende oder sitzende Position des Hundes zwischen den Beinen des auf dem Stuhl sitzenden Menschen wird innerhalb kurzer Zeit zu einer Komfortzone ausgebaut.

„Eine Komfortzone ist der durch Gewohnheiten definierte Bereich eines Menschen, in dem er sich wohl und sicher fühlt und es ihm deswegen leichtfällt, mit der Umwelt zu interagieren."

In dieser gängigen Definition müssen wir nun lediglich das Wort „Mensch" durch das Wort „Hund" ersetzen. **Die Komfortzone für den Hund schafft Sicherheit und Vertrauen, fördert Ruhe und Gelassenheit und stabilisiert dadurch insbesondere unruhige und nervöse Vierbeiner in besonders positiver Weise.**

Die meisten verhaltensauffälligen Hunde haben in ihrem bisherigen Leben nie die ruhefördernden Aspekte einer Komfortzone wahrnehmen können. Dabei ist diese so wichtig!

Die ersten Übungen zur Errichtung einer Komfortzone können für den Menschen sehr anstrengend werden, weil die meisten Hunde den Standby-Modus in der Obhut ihrer Zweibeiner noch gar nicht kennenlernen konnten.

Doch meist genügen – vor allem unter Anleitung – wenige Minuten, um das angestrebte Ruheverhalten des Hundes zu erreichen. Wenn sich ein

01 Die Standby-Übungen funktionieren nur selten auf Anhieb – Startschwierigkeiten gehören zu Beginn dazu. Wichtig wird jetzt, dass sich der Zweibeiner souverän und konsequent durchsetzt, ohne auch nur tendenziell die Geduld zu verlieren.

02 Sobald es gelingt, den Vierbeiner stabil in der Standby-Position zu halten, sollten kleinschrittig erste Ablenkungen durch Außenreize erfolgen.

03 Ein selbstständiges Verlassen der Komfortzone beziehungsweise der Standby-Position muss durch den Zweibeiner verhindert werden.

04 Ganz gleich, wie verlockend die „Angebote" auch sein mögen, in der Standby-Position soll der Hund lernen, Impulskontrolle und Frustrationstoleranz zu entwickeln.

05 Das wird sich für ihn letztlich lohnen und in seinem Leben vieles vereinfachen! Ein „Ausbrechen" aus der Position ist deshalb konsequent zu verhindern.

06 Sobald der Hund trotz Verlockungen in eine entspanntere Körperhaltung kommt, wird sowohl sozial als auch über Futter ein umfassendes Belohnungssystem aufgebaut.

07 Selbstverständlich muss die Belohnung durch den betreuenden Zweibeiner erfolgen (hier mit Futtertube). Eine Belohnung von außen würde keinen Sinn ergeben.

Vierbeiner anfangs erfolglos gegen die Verpflichtung, ruhig sitzen oder stehen zu bleiben, wehrt, kommt es grundsätzlich zu einer Resignation. Und diese Resignation muss ausnahmslos positiv gesehen werden, denn sie ist nicht mehr als ein notwendiger Übergang von Unruhe zur Ruhe. Die Bildserie auf S. 144/145 zeigt uns, wie wir mit den Standby-Übungen in kleinen Schritten bei einem Hund für immer mehr innerer Ruhe und damit Entschleunigung sorgen können. Bei den Standby-Übungen fällt der erläuterte Bewegungsrhythmus weg, allerdings finden der taktile und der verbale Rhythmus Anwendung. Die Resignation wird somit weichen und der entspannende Aspekt im Standby-Modus bringt unaufhaltsam wohltuende, entschleunigende Emotionen mit sich.

ÜBUNG 3: RUHEIMPULSE

→ Aktivierung der Körpermeridiane

Körpermeridiane sind „feinstoffliche Energieleitbahnen", die – wissenschaftlich mittlerweile messbar und damit belegt – spiegelbildlich auf beiden Körperseiten angeordnet sind. Ein Teil dieser Energieleitbahnen ist von oben nach unten, ein Teil von unten nach oben fließend.

01 Abstreifen am oberen Bereich des Brustkorbes. Die hier zu sehende Ausgangsposition erfordert zunächst eine weitestgehend bequeme und auch entspannte Körperhaltung des Menschen. Um Entspannung vermitteln zu können, muss der Mensch tatsächlich entspannt sein.

02 *Beide Hände werden anschließend in einer langsamen Abwärtsbewegung vom Brustkorb zu den Ellenbogen geführt.*

03 *Während eine Hand am Ellenbogen angelegt bleibt, kehrt die andere Hand – abgesetzt – wieder in die Ausgangsposition zurück.*

04 *Erst wenn die nach oben geführte Hand erneut sanft anliegt, wird die noch unten befindliche Hand – ebenfalls abgesetzt – in die Ausgangsposition gebracht.*

Ziel: Um die von oben nach unten gerichteten Energieleitbahnen zu aktivieren (erden), werden in der Folge über die Handinnenflächen gezielte taktile Übungen durchgeführt. Bei dieser Übung können wir zweifelsfrei feststellen, dass sich insbesondere nervöse, unsichere und unruhige Vierbeiner sehr schnell entspannen. Negative Energien (Stressempfinden und Unruhe) werden quasi aus dem Vierbeiner in Richtung Erde „herausgestreift".

Aufbau: Sobald der Hund die Ruheposition eingenommen hat, wird dieser mit einem sanften Anlegen beider Handinnenflächen langsam vom oberen Brustbereich in Richtung Oberarme und Ellenbogen synchron (!) abgestreift. An den Ellenbogen angekommen, werden die Handinnenflächen einzeln wieder leicht abgesetzt, nach oben geführt und dann wird erneut diese erdende Abstreichübung durchgeführt. Die Hände werden dabei einzeln abgesetzt, das heißt, eine Hand bleibt noch ruhig unten anliegend und erst wenn die nach oben geführte Hand den Brustbereich berührt, wird auch die zweite Hand wieder abgesetzt. Dadurch wird der Hund nie komplett losgelassen.
Unter kompetenter Anleitung dauert es in den meisten Fällen nur wenige Minuten und der Vierbeiner verhält sich zunehmend ruhig in dieser vorgeschriebenen Position.

ENTSPANNUNGSSIGNAL

Parallel zur Aktivierung des Hautnervensystems durch die Handinnenflächen (siehe Ruheimpulse) wird verbal ein sogenanntes Entspannungssignal ruhig und vokalbetont eingeleitet (Beispiel: „Guuuut").
Dieses Entspannungssignal wird idealerweise bereits einige Tage vor der ersten Standby-Übung in ruhiger Atmosphäre zu Hause als sogenanntes „Markerwort" konditioniert. Es soll über das Hörnervensystem den Oxytocin-Stoffwechsel anregen. Oxytocin ist – einfach ausgedrückt – ein Wohlfühlhormon, das auch als „Stressdämpfer" oder „Stresskiller" in Erscheinung tritt.

Entschleunigte bzw. entspannte Hunde können mit Belastungen viel besser umgehen als vergleichsweise erregte oder auch nervöse Vierbeiner.

ÜBUNG 4: ABLENKUNGEN UND STRESSOREN

Ablenkungen: Sobald diese Basisübung den erwünschten Erfolg bringt (Hund wird zunehmend ruhiger), werden anfangs positive Stressoren wie Leckerli/Spielzeug als Ablenkung eingebunden. Wird der Hund dabei unruhig oder möchte er gar ausbrechen, wird dies erneut konsequent und nachhaltig, in jedem Fall aber mit souveräner Ruhe und Gelassenheit, unterbunden.

Negative Stressoren: Sind bei den Ablenkungen erste Erfolge zu verbuchen, können nach und nach negative Stressoren (Beispiel: fremde Hunde) mit individuell zu berücksichtigenden Abständen vorbeigeführt werden. Selbstverständlich ist hierbei zu beachten, dass es bei einem Training unter Einfluss von stressfördernden Außenreizen nicht zu einer Überschreitung der Belastungsgrenze des Hundes kommt. So sollten die sogenannten Stressoren auch nur von kurzer Zeitdauer sein.

ZIEL DER STANDBY-ÜBUNGEN

Der Hundehalter bietet Schutz und Sicherheit in Konfliktsituationen und nimmt damit dem in einer Komfortzone befindlichen Vierbeiner das bisherige, für ihn so stressreiche Konfliktmanagement ab. Je unsicherer und instabiler übrigens ein Hund ist, umso schneller fühlt er sich in der unmittelbaren und beschützenden Nähe seines Halters wohl. Dies ist insbesondere daran zu erkennen, dass sich diese Vierbeiner mehr und mehr an ihren Halter seitlich anlehnen. Die nun errichtete Komfortzone hat spätestens jetzt auch ihren Namen verdient.

IN DER RUHE LIEGT DIE KRAFT

Irritierend ist für Außenstehende ein ganz besonderer Umstand: Die meisten Hundehalter glauben, dass ein Hund erst dann besonders glücklich sein kann, wenn er möglichst aktiv und fröhlich den ganzen Tag neben ihnen herumtollt. Diese Hunde sind aber definitiv nicht (!) entspannt, was häufig

Dabei muss man wissen, dass das inaktive Verhalten eines Hundes in Konfliktsituationen nichts mit Teilnahmslosigkeit oder gar hilflosem Verhalten zu tun hat.

auch durch eine permanente innere Unruhe gezeigt wird. Hingegen wirkt ein langsam gehender und deutlich entspannter Hund auf viele Zweibeiner scheinbar depressiv. Die Muskulatur ist weitgehend erschlafft, die Rute hängt und der Hund wirkt fast inaktiv. Für uns als Trainer das Signal, dass eine entspannte Phase im Hund erreicht wurde! Dies stellt einen soliden Grundstein für ein künftiges Konfliktmanagement dar. Die Reizschwelle eines solchen Hundes erhöht sich mehr und mehr. Das bedeutet, er kann durch geringere Erregung und eine verbesserte Wahrnehmungsfähigkeit mit Konflikten zunehmend besser umgehen und dadurch Stress auch viel besser bewältigen. Wir nehmen somit dem Hund sowohl negativen als auch positiven Stress und erreichen nur so die gewünschte und vor allem wirkungsvolle innere Ruhe. **Nicht die ständig aktiven, herumtollenden Hunde sind die nachhaltig zufriedenen, sondern diejenigen, die entschleunigt und souverän durchs Leben gehen.**

KEIN STANDBY-TRAINING BEI BEZIEHUNGSPROBLEMEN!

Wir treffen immer wieder auf Mensch-Hund-Beziehungen, die als belastet bezeichnet werden müssen. Dazu gehören insbesondere Hunde, die zu aggressiven Verhaltensweisen gegenüber den eigenen Haltern neigen, wenn sie durch diese Einschränkungen erfahren. So könnte es durchaus passieren, dass ein solcher Hund dem Versuch einer körperlichen Einschränkung mit aggressiver Gegenwehr begegnet. Ein Standby-Training würde in einem solchen Fall keinen Sinn ergeben. Stattdessen müsste an erster Stelle eine grundlegende Beziehungsreform – unter fachkompetenter Anleitung – erfolgen. Hierzu wäre es dann aber auch zwingend erforderlich, die Ursachen für das aggressive Verhalten im Vorfeld umfassend zu analysieren.

BEWEGUNGSÜBUNGEN

Die Standby-Übungen werden nach und nach in Bewegungsübungen eingeleitet. Spezielle Slalom- und Labyrinthübungen fließen unter extrem langsamen Bewegungsabläufen in das Training ein.
Nun kann durchaus die berechtigte Frage auftauchen, wozu bei den Bewegungsübungen Slalom und Labyrinth Verwendung finden. Ein langsames Geradeausgehen könnte doch schließlich auch den Aspekt eines entschleunigenden Trainings erfüllen. Da unser Anspruch jedoch nicht einzig und allein auf „Entschleunigung" gelegt werden darf, sollten in das Training auch Begriffe wie Kooperation, Koordination und Konzentration miteinfließen.
Ein Geradeausgehen erfordert wenig Kooperation, weil es ja keine vom Weg abweichenden Koordinaten gibt und eine tiefer greifende Konzentration ist auch nicht erforderlich. Die mittel- und langfristige Anspruchslosigkeit eines Geradeausgehens kann zudem auch zu Langeweile führen und eine mentale „Abwesenheit" des Hundes gegenüber dem Hundehalter nach sich ziehen.
Nehmen wir uns stattdessen im Training das Begehen eines Slalom-Parcours vor, muss sich der Vierbeiner deutlich mehr konzentrieren, um den körperlichen Kontakt zu seinem Menschen nicht zu verlieren.

Die Ansprüche in Sachen Konzentration, und damit verbunden Koordination, führen zu deutlich mehr Kooperation zwischen Hund und Mensch.

Ganz bewusst zur Ruhe kommen, und dabei „achtsam" dem eigenen Hund emotional besonders nahe sein.

Dreifach-Optimierung von Körperbewusstsein, Konzentration und Beziehung durch gezieltes Gerätetraining.

BEWEGUNG IM LABYRINTH

Noch weitergehend werden diese Ansprüche bei Bewegungsübungen im Labyrinth erhöht. Das langsame Begehen der einzelnen Labyrinth-Wege findet ruhige (!) Unterbrechungen durch Stehenbleiben vor jeder einzelnen, quer liegenden Labyrinth-Stange. Sobald Mensch und Hund ruhig zum Stehen gekommen sind, erfolgt eine ebenso ruhige Zuwendung des Zweibeiners gegenüber seinem Vierbeiner. Verbales Lob (Bsp.: „Guuut") erfolgt mit beruhigender Zielstellung und damit keinesfalls hoch frequentiert! Zudem kann das „Erden" (sanftes Abstreifen mit der Handinnenfläche, S. 108 f., 146) für zusätzliche entschleunigende Impulse sorgen.

Nach einigen Sekunden „Standby" vor der Labyrinth-Stange werden die nachfolgenden Schritte mit einem langsamen Angehen in eine Rechts- oder in eine Linkswendung eingeleitet. Nach wenigen Schritten auf dem Labyrinth-Weg liegt die nächste Stange und die Szenen wiederholen sich. Bei später auftauchenden Ablenkungsreizen (Stressoren) lernt der Hund, seine gerade gezeigte Position (stehend oder gehend) nicht zu verändern. Selbst dann nicht, wenn ein ablenkender Reiz hinter ihm auftaucht. Das unbedingte soziale Vertrauen des Hundes zu seinem Menschen steht bei allen Übungen im Vordergrund. Ganz gleich, was passiert, der Mensch bietet Schutz und Sicherheit.

Ein ähnliches Vorgehen finden wir übrigens auch auf bzw. an den „Geräten". Auch hier stehen, beispielsweise auf einem schmalen Steg, Kooperation, Koordination und Konzentration im Mittelpunkt. Insbesondere die Kooperationsfähigkeit kann sich an den Geräten deutlich verbessern.

Der Hund ist ein scharfsinniger „Bewegungsseher" und erkennt sogenannte Bewegungsreize auf sehr große Entfernung; oftmals lange, bevor die Nase etwas wahrnehmen kann.

FÜHRTRAINING MIT KOPFHALTER

Die Wahrnehmung stresserzeugender Sinnesreize erfolgt bei unseren Hunden primär über die Sinnesorgane Augen, Ohren und Nase. Dabei spielen die Augen oftmals eine größere Rolle als die Nase, denn Bewegungsreize kann ein Hund auch auf extrem große Entfernungen erkennen, häufig lange, bevor die Nase aktiv werden kann. Zudem ist die Wahrnehmungsfähigkeit der Nase erheblich abhängig von thermischen Gegebenheiten und vor allem von der Windrichtung. Erkennt ein Hund vor sich auftauchende Bewegungsreize, wird häufig in Bruchteilen von Sekunden sein Stresssystem aktiviert. Unruhe und Nervosität können ihren Lauf nehmen. Über den geschickten Einsatz des Kopfhalters wird nun im Führtraining mit vergleichsweise geringfügigen Einwirkungen die Blickrichtung des Hundes unterbrochen und damit im Basistraining der Einfluss von nachfolgenden Außenreizen gehemmt. Hunde, die bereits durch die Standby-Übungen gut vorbereitet wurden (siehe S. 142 ff.), haben genügend soziales Vertrauen zu ihren Menschen und „wissen", dass ihnen in unmittelbarer Nähe des Zweibeiners nichts passieren wird. Meist orientieren sich diese Hunde dann auch mit sehr engem Körperkontakt an ihren Menschen. Erst im später folgenden Fortgeschrittenentraining wird der Blick auf den vermeintlichen Konfliktherd zugelassen. Ohne den Einsatz des Kopfhalters fällt es vergleichsweise schwer, im Basistraining den Blick des Hundes vom Konfliktherd abzuwenden. Es sei denn, man würde ihm ablenkende Alternativen (z. B. Leckerli) anbieten. Es wurde jedoch bereits erörtert, warum die Leckerli-Strategie keinesfalls pauschal empfehlenswert ist (siehe S. 52 ff.).

GLEICHKLANGÜBUNGEN

Sogenannte Gleichklangübungen sind therapeutisch enorm wirkungsvoll und ebenfalls für die Aktivierung des Oxytocin-Stoffwechsels mitverantwortlich. Das beste Beispiel hierzu dürfte das sanfte Wiegen und Schaukeln eines unruhigen Säuglings sein. Es wirkt sich unbestreitbar ruhe- und schlaffördernd aus.

Im La-Ko-Ko®-Führtraining wird auf dieses Prinzip beim Führen des Hundes zurückgegriffen. Gleichmäßige, ruhige Bewegungsabläufe des Hundehalters, verbunden mit leisem, melodischem Klang der Stimme, ergeben einen Gleichklang in zweifacher Hinsicht. Insbesondere unsere Slalom-Übungen sind dabei ein Garant für das Erreichen innerer Ruhe.

Werden bei einem Mensch-Hund-Team diese Übungen zum ersten Mal durchgeführt, ist noch nichts von dieser Ruhe zu erkennen. Weder Zwei- noch Vierbeiner sind anfangs in der Lage, Gleichklang zu produzieren. Deshalb dominieren zu Beginn noch auf beiden Seiten Unruhe und auch Hektik. Doch von Übung zu Übung passiert genau das, was letztlich als klare Zielstellung formuliert wird: Zwei- und Vierbeiner wachsen zu einer ruhigen, harmonischen Einheit zusammen.

KURZES TRAINING FÜHRT ZUM ERFOLG

Nun muss niemand denken, dass sich Halter und Hund im Tagesgeschehen stets wie schleichende Geister durch den Alltag bewegen müssen, um zur Ruhe zu finden. Zehn bis zwanzig Minuten Training täglich reichen völlig aus, um mittel- und langfristig ein ganzheitliches Ruheprojekt zu „installieren". Wer beispielsweise täglich meditiert, tut dies grundsätzlich auch nur für einen zeitlichen Bruchteil im Tagesablauf. Die Wirkung ist dennoch enorm und verhilft einem unruhigen Organismus zunehmend zur inneren Stabilität.

Zehn bis zwanzig Minuten La-Ko-Ko®-Training pro Tag sind völlig ausreichend!

So können beispielsweise zu Beginn eines morgendlichen Spaziergangs zunächst drei bis vier Minuten eingeplant werden, mittags ebenfalls vor oder auch mal während dem Gassigehen einige Minuten und dann eventuell nochmals unmittelbar vor dem abendlichen Spaziergang. La-Ko-Ko® ist ganz sicher kein Allheilmittel oder gar ein Patentrezept, um unerwünschtes Hundeverhalten zu modifizieren. Und dennoch stellt es im Rahmen therapeutischer Maßnahmenpakete, insbesondere bei unsicheren und nervösen Hunden, einen mittlerweile unverzichtbaren, positiven Aspekt dar.

ZIEL BEI SCHWIERIGEN HUNDEN

Beim Umgang mit schwierigen Hunden wollen wir ein klar definiertes Ziel erreichen: Wir wollen **Verhalten** verändern, unerwünschtes **Verhalten** begrenzen, erwünschtes **Verhalten** aufbauen bzw. etablieren.

Um dieses Ziel allerdings zu erreichen, müssen wir wissen, was **Verhalten** eigentlich genau ist und wie es in einem Organismus entsteht. Im Zusammenhang mit Aggression haben wir Verhalten bereits etwas näher beschrieben (siehe S. 74 ff.). Nun wollen wir im Folgenden dazu noch weitere wichtige Dinge hervorheben. Unter anderem müssen wir erörtern, was Verhalten ist und welche Rolle dabei Emotionen spielen.

Das La-Ko-Ko®-Führtraining beinhaltet in nahezu allen Fällen einen holprigen Start, der dem Hundehalter und auch dem Trainer sehr viel abverlangt.

KLEINE VERHALTENSKUNDE

Professor Dr. Christoph Bördlein ist Verhaltenswissenschaftler an der Hochschule für angewandte Wissenschaften Würzburg-Schweinfurt. Seine Definition von Verhalten ist schlicht und zutreffend gleichermaßen. Und seine Definition als Humanpsychologe ist auch im übertragenen Sinn für unsere Hunde gültig.
In der Grafik ist gut zu erkennen, dass nicht nur das Handeln als solches, sondern auch das Denken und Fühlen in seine Definition miteinfließt.

DENKEN UND FÜHLEN

Dass Hunde nicht nur handeln, sondern auch denken und fühlen können, steht wohl außer Frage!
Wenn ein Hund für eine ihm gestellte Aufgabe verschiedene Lösungsansätze kennt, kommt es vergleichsweise häufig nicht zu einer spontanen, sondern zu einer „überlegten“ Handlung. Das bedeutet, der Vierbeiner hält beispielsweise kurz inne, beurteilt die Situation und wählt anschließend einen von mehreren verfügbaren Handlungsabläufen aus. Das ist Denken!
Und wieso zählt auch das Fühlen zum Verhalten? Nun, wenn wir beispielsweise unseren Hund streicheln, verändert sich fast immer die Gefühlswelt des Hundes und produziert Emotionen.
Ein auf dem Boden liegender, entspannter Hund, der gestreichelt wird, zeigt nicht zwingend ein von außen erkennbares Verhalten. Aber der Organismus selbst wird durch Reaktionen des Gehirns manipuliert, sodass die schon vorhandene Entspannung nochmals intensiviert wird. Obwohl kein Handeln des Hundes erkennbar ist, sprechen wir aufgrund der Veränderungen im Organismus von Verhalten. Eine besonders wichtige Erkenntnis zur Beurteilung von Verhalten ist die Unterscheidung zwischen operantem Verhalten (der Hund „überlegt“, was er tun wird) und reflexartigem Verhalten (der Hund handelt „automatisiert“).

Dass Hunde oftmals (nach)denken, bevor sie sich zu einer Handlung entschließen, bestreitet in wissenschaftlichen und praktizierenden Fachkreisen kaum noch jemand.

OPERANTES UND REFLEX-ARTIGES VERHALTEN

Der wohl spannendste Aspekt zum Thema Hundeverhalten ist dessen Unterteilung in „operantes Verhalten" und „reflexartiges Verhalten". Spannend deshalb, weil wir mit Vierbeinern, die Verhalten operant und damit gezielt, bewusst und gewollt aufzeigen, ganz anders umgehen müssen als mit Hunden, die reflexartig und damit quasi automatisch handeln („das macht mein Hund schon ganz automatisch").

Solange ein Hund vor einer unerwünschten Handlung noch „nachdenkt", bleibt uns im Training oft ausreichend Zeit, ein alternatives Angebot dazwischenzuschieben, um die bevorstehende Handlung zu unterbinden. Diese Zeit haben wir allerdings nicht, wenn das unerwünschte Verhalten automatisch und damit reflexartig auftritt. Dazu jeweils ein Beispiel.

AUS DER PRAXIS

EMIL DENKT NACH

Mischling Emil sieht beim Spaziergang plötzlich einen fremden Artgenossen, der angeleint um eine Hausecke kommt. Emil duckt sich sofort leicht ab und spannt seinen Körper an. Er verlangsamt seine Geschwindigkeit und bewegt sich schleichend, den anderen Hund fest fokussierend, weiter. Der fremde Hund kommt immer näher und Emil macht sich – noch immer schleichend – immer kleiner. Dann, unmittelbar bevor sich der andere Hund auf seiner Höhe befindet, attackiert Emil an straffer Leine den entgegenkommenden Artgenossen mit aggressiven Belllauten.

Emil ist offensichtlich ein „selektiv" handelnder Hund, der seine Handlungsentscheidung strategisch gezielt und damit operant vorbereitet.

Sein Hundehalter hat grundsätzlich genügend Zeit und damit auch Möglichkeiten, das Verhalten von Emil zu beeinflussen. In der Annäherungsphase zum entgegenkommenden Artgenossen ist Emil grundsätzlich noch ansprechbar, da er sich auch in einer Planungsphase befindet.
Es könnte nun bereits im Vorfeld von Hundebegegnungen ein alternatives Verhalten trainiert werden. Dazu ein ganz einfaches Beispiel: Der Halter von Emil bringt seinem Vierbeiner zu Hause bei, dass ein kleines Stück Käse mit dem Hörzeichen „Käääse" verbunden ist. Nach einigen Übungseinheiten wird Emil das Hörzeichen „Käääse" mit einem wohlschmeckenden Leckerli verbinden. Das neue „Wörtchen" ist letztlich nichts anderes, als ein Belohungsversprechen.

Das methodische Training bei z. B. sozial aggressiven Hunden hängt sehr stark davon ab, ob ein Vierbeiner vor einem Angriff „denkt", oder ob er automatisiert und damit reflexartig Angriffshandlungen durchführt.

Kommt dann zu einem späteren Zeitpunkt wieder ein fremder Artgenosse entgegen, kann unmittelbar nach Erblicken des anderen Hundes das Hörzeichen „Käääse“ tatsächlich zu einem alternativen – und auch erwünschten – Handlungsablauf führen.
Nach einer gewissen Anzahl an Wiederholungen ist es sogar möglich, dass Emil beim Erkennen eines fremden Artgenossen sogar ohne Hörzeichen „Käääse“ seinen Fokus vom anderen Hund selbstständig löst, um sich bei seinem Zweibeiner das Käse-Leckerli abzuholen.
Diese Strategie ist in manchen Einzelfällen erfolgversprechend, in vielen anderen wieder ist sie von Erfolglosigkeit geprägt. Entscheidend für Erfolg oder Misserfolg ist die Interessenverteilung beim Vierbeiner. Bei sehr hoher Leckerli-Akzeptanz kann es klappen, ist jedoch das Interesse am anderen Hund ausgeprägter, funktioniert die Trainingsstrategie nicht!
Im nachfolgenden Fallbeispiel müssen wir uns wenig Gedanken zu Trainingsstrategien dieser Art (Leckerli-Variante) machen. Sie funktionieren nämlich bei bestimmten Hunden überhaupt nicht oder gelten als extrem unzuverlässig.

AUS DER PRAXIS

GUSTAV HANDELT SOFORT

Mischling Gustav sieht – wie zuvor Emil – beim Spaziergang plötzlich einen fremden Artgenossen, der angeleint um eine Hausecke kommt. In Bruchteilen von Sekunden stürmt Gustav aggressiv bellend in die straffe Leine. Er verfolgt keine selektive Strategie, verhält sich zu keinem Zeitpunkt operant, plant überhaupt nicht, sondern handelt reflexartig. Quasi „automatisch“ löst jeder entgegenkommende Hund – ob groß, ob klein, ob Welpe, ob erwachsener Vierbeiner – sein sozial-aggressives Verhalten aus. Auch die räumliche Entfernung des entgegenkommenden Hundes spielt keine Rolle. Jeder Vierbeiner wird, ohne nachzudenken, aggressiv attackiert.

Das Training bei Gustav mittels „Käse-Alternative“ ist im Vorfeld und außerhalb von Hundebegegnungen genauso gut möglich wie bei Emil. Nur lässt sich dieses Alternativverhalten kaum Erfolg versprechend in den Alltag einer Hundebegegnung einbringen. Ursächlich hierfür ist die fehlende Planungsphase bei Gustav. Da er eben nicht plant, sondern reflexartig handelt, ist der alternative „Zugang“ im wahrsten Sinne des Wortes versperrt. Das Hörzeichen „Käääse“ würde Gustav überhaupt nicht mehr wahrnehmen können und auch nicht mehr wahrnehmen wollen.
Bei Gustav müssen wir zunächst über verhaltensunterbrechende Maßnahmen nachdenken. Die unerwünschten Handlungen müssen im Ansatz reglementierend unterbrochen werden, um den „Zugang“ wieder freizulegen. Gelingt diese handlungsunterbrechende Maßnahme, zeigt sich Gustav wieder ansprechbar und erst dann kann die „Käääse-Alternative“ doch noch erfolgreich eingesetzt werden.

ZWEI EBENEN DES HANDELNS

Zusammenfassend halten wir fest, dass sich das Verhalten unserer Hunde auf zwei sehr unterschiedlichen Ebenen bewegen kann.
Die **operante Ebene** lässt uns Zeit, Spielraum und Möglichkeiten, alternative Verhaltensweisen so zu etablieren, dass ein unerwünschtes Verhalten durch ein erwünschtes Verhalten ausgetauscht werden kann.
Die **reflexartige bzw. automatisierte Verhaltensebene** lässt uns keinen zeitlichen Spielraum und keine inhaltlichen Möglichkeiten, erwünschtes Alternativverhalten Erfolg versprechend einfließen zu lassen.
Hier müssen wir über verhaltensunterbrechende und damit auch reglementierende Maßnahmen nachdenken. Diese sollen dem Vierbeiner ganz einfach unangenehme Konsequenzen seines unerwünschten Verhaltens verdeutlichen. Wie und mit welchen Mitteln bzw. Maßnahmen unerwünschtes Verhalten unterbrochen werden kann, bleibt letztlich immer eine individuelle Entscheidung im Einzelfall.

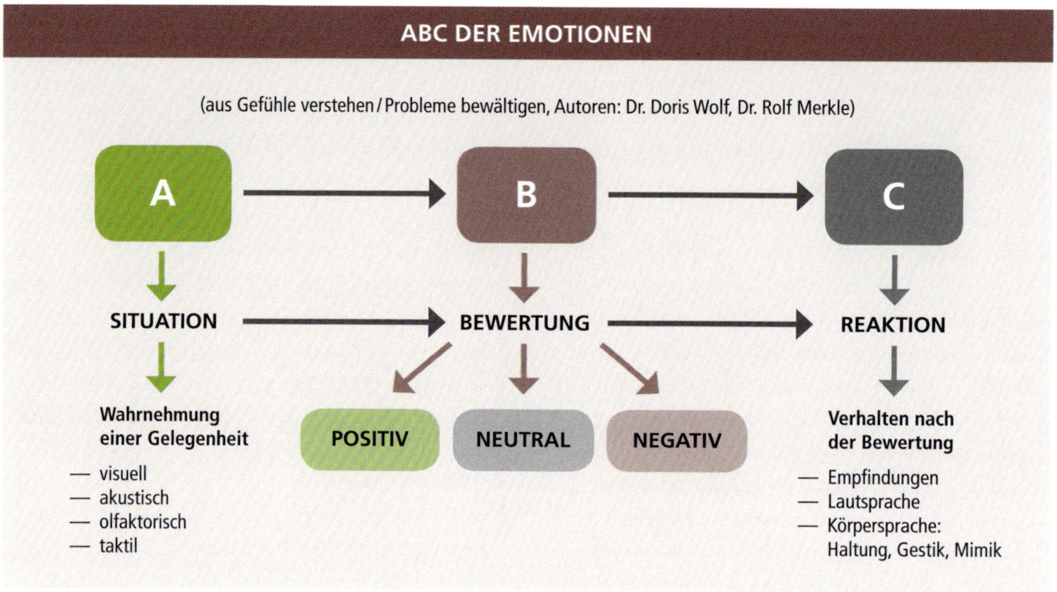

Die grafische Darstellung zeigt vereinfacht, dass Verhalten immer das Resultat einer Bewertung von Situationen ist.

ENTSTEHUNG VON VERHALTEN

Abschließend bleibt nur noch zu erläutern, wie Verhalten überhaupt entsteht. Dazu eine einfache Grafik, die schnell verdeutlicht, dass nur zwei Aspekte (A und B) erfüllt sein müssen, damit Verhalten (C) entstehen kann.
Verhalten ist als Reaktion zur Wahrnehmung einer Gegebenheit (Situation) zu sehen. Die Sinnesreize transportieren über die Nervenzellen Informationen an das Gehirn (A). Das Gehirn nimmt anschließend eine Bewertung (B) der Informationen vor. Diese Bewertung kann positiv, neutral oder negativ abgeschlossen werden. Selbstverständlich können auch „Mischbewertungen" erfolgen. So kann beispielsweise der Anblick einer auf der Parkbank sitzenden Person bei einem Hund als bedrohlich (negativ) und gleichzeitig auch erwartungsvoll (positiv) bewertet werden. Ganz gleich jedoch, mit welchem Ergebnis eine Bewertung durch das Gehirn abgeschlossen wird, es erfolgt eine Reaktion und damit ein Verhalten. Lediglich bei einer ausschließlich neutralen Bewertung wird eine erkennbare Reaktion ausbleiben. **Zur Entschleunigung müssen (Über-)Bewertungen reduziert werden!**

BEWERTUNGSSYSTEM VERÄNDERN

Innere Unruhe, Hektik, Aufgebrachtheit und Nervosität lassen sich nur dämpfen, wenn es uns gelingt, das Bewertungssystem im Gehirn unseres Vierbeiners zu verändern. Bedrohlich erscheinende Situationen müssen als weniger bedrohlich wahrgenommen werden und auch extrem positiv wahrgenommene Gegebenheiten sollten in ihrer außerordentlichen Bedeutung bei der Bewertung etwas abgeschwächt werden. Zumal wir ja wissen, dass innere Unruhe und Hektik nicht nur bei negativ zu bewertenden Einflüssen entstehen, sondern auch bei häufiger Erregung durch positive Außenreize. Auch hier ist wieder einmal der Ball-Junkie das beste Beispiel für eine „ungesunde" Bewertung von scheinbar positiven Einflüssen. Wenn es darum geht, bei einem Hund aufkommendes Stressverhalten nachhaltig abzubauen, gibt es tatsächlich den sogenannten „Königsweg", den wir im Folgenden gemeinsam begehen werden. Dabei handelt es sich um die abgestufte (graduelle) Konfrontation mit genau den Reizen, die den Vierbeiner im Alltag belasten. Im Mittelpunkt steht bei der „abgestuften" Konfrontation übrigens immer ein vertrauensvolles Verhältnis des Hundes gegenüber „seinem" Menschen.

KÖNIGSWEGE FÜR EIN STABILERES VERHALTEN

Auch und gerade in der Humanpsychologie setzt man einen von Ängsten geplagten Menschen ganz bewusst und gezielt angstauslösenden Situationen aus, um durch wiederholte Reiz-Konfrontation eine nachhaltige Reduktion der Angst zu erzielen. Dieses äußerst bewährte System zur Desensibilisierung gegenüber Stressreizen können wir eins zu eins auf die Verhaltenstherapie bei ängstlichen Hunden übertragen. Dabei geht es um die sogenannte Habituation, womit die Gewöhnung an stresserzeugenden Außenreizen gemeint ist.

ABGESTUFTE REIZKONFRONTATION

In gezielten Übungssituationen werden die vierbeinigen „Patienten" in einer individuell abgestimmten Zeitspanne ihren Ängsten maßvoll ausgesetzt. Dabei lassen erfahrungsgemäß typische körperliche Symptome wie Hecheln, Zittern oder Herzklopfen quasi automatisch nach. Der wichtigste Aspekt dabei ist, dass der Mensch seinem Hund in dieser Zeit körperlich besonders nahe ist und ihm damit sozialen Halt und zusätzliche Stabilität gibt.

Schenkt der Vierbeiner dem Zweibeiner, und damit „seinem" Menschen, genügend Vertrauen, hat das Konzept „abgestufte" Konfrontation den Begriff „Königsweg" mehr als verdient.

Bei erkennbar auftretendem Stressverhalten, ist in allererster Linie die innere Ruhe des Menschen gefragt.

Die *abgestufte Reizkonfrontation* muss im Umgang mit ängstlichen bzw. unsicheren Hunden deshalb als Königsweg angesehen werden, weil Stressbewältigung untrennbar mit dem Aushalten von Stress verbunden ist. Nur so kann die psychische Belastungsgrenze Schritt für Schritt effektiv und vor allem nachhaltig erhöht werden. Eine Stressvermeidung kann nie dazu führen, dass ein schwacher Hund stabiler wird.

VORSICHT VOR REIZÜBERFLUTUNG

Doch es ist Vorsicht geboten, auf die *nicht abgestufte Reizkonfrontation* zurückzugreifen. Im Vergleich zur abgestuften Form wird hier auf eine Reizüberflutung (Fachbegriff Flooding) zurückgegriffen. Auch wenn das Floodingverfahren, das direkte und unmittelbare Aussetzen von Stressreizen, in der Therapie bei Menschen häufig erfolgreich angewendet wird, sollten wir unsere Hunde diesem Verfahren nicht aussetzen, sondern die „sanftere" und damit *abgestufte Reizkonfrontation* wählen. Der Grund hierfür: Unsere Hunde können ihre Eindrücke und ihr Empfinden – im Gegensatz zum Menschen – nicht vollumfänglich mitteilen. Wenn nun die Stressdosis bzw. -intensität ein extrem hohes Maß aufweist, kann dies zu einer Überforderung des Anpassungssystems gegenüber den Stressreizen führen. Die Risiken für eine Verschlimmerung der Ängste und auch die gesundheitlichen Risiken für Teile des Organsystems sind einfach weniger vorhersehbar als bei der abgestuften Form der Reizkonfrontation.
Bei Übungen und damit beim Training innerhalb der *abgestuften Reizkonfrontation,* kann die Belastung schrittweise erhöht werden. Das bedeutet, dass nach und nach belastende Situationen im jeweiligen Schwierigkeitsgrad gesteigert werden. Zum besseren Verständnis zwei Übungsbeispiele, einmal mit abgestufter und einmal mit nicht abgestufter Konfrontation (Floodingverfahren).

AUS DER PRAXIS

ABGESTUFTE KONFRONTATION

Mischling Gina ist ein sogenannter Auslandshund und kann nur sehr schwer mit Straßenlärm umgehen. Sie scheint Straßenlärm nie wirklich kennengelernt zu haben und zeigt sich bei herannahenden Fahrzeugen auffallend schreckhaft bzw. ängstlich. Sie blockiert entweder an der Leine oder versucht, sich an der gestrafften Leine der Belastung durch Flucht zu entziehen. Eine zu Hilfe gerufene Hundetrainerin unterstützt Ginas Halterin beim Abbau dieser Konflikte, indem sie die abgestufte Reizkonfrontation anwendet. Dazu wird zunächst eine etwas weitere Entfernung zur Straße gewählt (Beispiel 20 Meter), die zwar noch immer stressauslösend ist, aber keinen extremen Belastungszustand nach sich zieht. Gina zeigt zwar auch in dieser Entfernung noch immer Stresssymptome (Hecheln, leichtes Zittern), scheint aber die Dosis der Stressreize noch bewältigen zu können. Die Halterin von Gina bringt die Hündin in die bereits bekannte Standby-Position und damit auch in eine Komfortzone. Dort hält sie Gina für ungefähr drei Minuten nicht nur ruhig fest, sondern unterstützt sie auch sozial durch langsame, erdende Streicheleinheiten sowie durch ein ruhiges, vokalbetontes stimmliches Lob. Nachdem Gina ganz offensichtlich immer ruhiger und entspannter wird, beendet ihre Halterin die Übung und entfernt sich mit der Hündin in eine stressfreie Zone. Gina soll und wird zunehmend lernen, die gegebene Belastung einfach nur auszuhalten, nicht mehr und nicht weniger. Die Übungen werden regelmäßig wiederholt, zwei- bis dreimal täglich für jeweils zwei bis vier Minuten. Bereits nach wenigen Tagen zeigt sich, dass Gina den Straßenlärm immer besser aushalten kann, und so kann auch an jedem neuen Übungstag die Entfernung zur Straße immer weiter reduziert werden. Nur wenige Wochen später sehen wir Gina mit ihrer Halterin an lockerer Leine auf dem neben der Straße verlaufenden Fußweg entlanggehen.

Gina wurde kleinschrittig bzw. abgestuft an den Straßenlärm gewöhnt. Sie hat dabei insbesondere gelernt, dass die vom Straßenverkehr ausgehende vermeintliche Gefahr offensichtlich nicht gegeben ist. In der Folge konnte sie sich im Umgang mit Straßenlärm immer mehr stabilisieren. Doch was genau passiert in der *nicht abgestuften Reizkonfrontation* (Floodingverfahren)? Das nachfolgende und grundsätzlich auf keinen Fall (!) empfehlenswerte Fallbeispiel gibt hier Aufschlüsse.

Die „abgestufte“ Konfrontation reduziert nach und nach das Stressempfinden.

AUS DER PRAXIS

REIZÜBERFLUTUNG

Mischling Bonnie kann ebenfalls nur sehr schwer mit Straßenlärm umgehen. Die Ausgangsposition ist bei Bonnie durchaus mit der von Gina vergleichbar. Auch sie scheint Straßenlärm nie wirklich kennengelernt zu haben und reagiert ähnlich schreckhaft bzw. ängstlich wie Gina. Sie blockiert entweder an der Leine oder versucht, sich an der gestrafften Leine der Belastung durch Flucht zu entziehen. Hier wählt eine zu Hilfe gerufene Hundetrainerin beim Abbau dieser Konflikte die nicht (!) abgestufte Reizkonfrontation, und damit das sogenannte „Flooding"-Verfahren. In einer kurzen Zeitspanne, in der gerade kein Straßenlärm vorliegt, begibt sie sich mit Bonnie und deren Halterin bewusst sehr nahe an den Straßenrand. Dort wird Bonnie – ähnlich wie im Fallbeispiel „Gina" ebenfalls in einer Standby-Position so festgehalten, dass es ihr nicht gelingen kann, aus der Position zu entweichen. Sie soll nun in einer viel schwierigeren Situation als Gina lernen, die stresserzeugenden Außenreize auszuhalten.

Es steht außer Frage, dass die Risiken einer *nicht abgestuften Reizkonfrontation*, im Vergleich zur *abgestuften Konfrontation* (wie bei Gina), vergleichsweise hoch sind. So kann es unter anderem zu panikartigem Verhalten bei der vergleichsweise extremen Belastung kommen, das schlimmstenfalls nicht mehr steuerbar ist.
Wir können die meisten verhaltenstherapeutischen Verfahren, die bei uns Menschen zum Einsatz kommen, durchaus auch bei unseren Vierbeinern anwenden. Allerdings muss man wissen, dass der Mensch das Bewusstsein hat, sich einer *nicht abgestuften Reizkonfrontation* zu unterziehen. Er weiß somit genau, was auf ihn zukommt und worauf er sich einlässt. Dieses Bewusstsein jedoch fehlt unseren Hunden und so müssen ganz einfach die Risiken für einen Hund, die jeweilige Situation mit negativ bleibenden Eindrücken erleben zu müssen, als kaum verantwortbar hoch eingeschätzt werden.

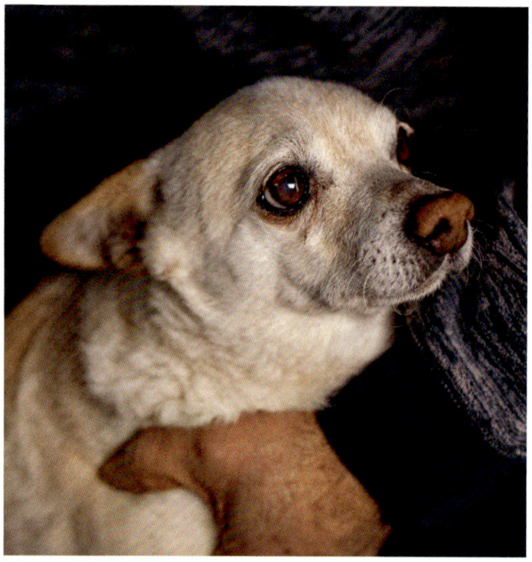

Vorsicht! Das erzwungene „Aushalten" einer extrem hohen Stressdosis kann sich schädigend auswirken.

RHYTHMISCHE BEWEGUNGEN

Wollen wir nachhaltig einen entschleunigenden Einfluss auf das Verhalten unserer Hunde nehmen, kommen wir am Begriff Rhythmus ganz sicher nicht vorbei. Rhythmus verbinden wir zurecht mit weiteren Begrifflichkeiten wie z. B. Regelmäßigkeit, Gleichmäßigkeit, Wiederkehr, Einklang, Harmonie und Vorhersehbarkeit.
Die positive Beeinflussung unserer Nervenzellen durch rhythmische Gegebenheiten ist wohl kaum bestreitbar. Dabei dürfen wir nicht nur an musikalische Rhythmen denken, sondern müssen auch Rhythmus unter visuellen Bedingungen (Beobachten eines Pendels) und vor allem unter taktilen und sonstigen körperlichen Wahrnehmungen Beachtung schenken. Der Säugling wird

Zu Beginn der Rhythmus-Übungen helfen bei einem betont langsamen Gehen Stöckchen als Orientierungshilfe.

nicht umsonst in den Armen liegend rhythmisch gewiegt oder im Kinderwagen sanft und ebenfalls rhythmisch geschaukelt, um Entspannung zu fördern. Sanfter Rhythmus entschleunigt und beruhigt auch unsere Hunde, daran gibt es keinen Zweifel. Wie verschiedene Untersuchungen bestätigen konnten, ist sogar die entspannende Wirkung von Musik auf Hunde unbestritten, wie Dr. Udo Gansloßer in „Mach mal langsam!" zum Ausdruck bringt.

DREI EBENEN VON RHYTHMUS

Im La-Ko-Ko®-Training nutzen wir Rhythmus grundsätzlich auf drei Ebenen.

1. Bewegungs-Rhythmus: Wir gehen, den Vierbeiner neben uns führend, betont langsam und vor allem gleichbleibend rhythmisch in eine bestimmte Richtung. Das langsame Gehen erfolgt somit kontinuierlich fließend und gibt dem Vierbeiner die Möglichkeit, sich dieser fließenden Bewegung seines Menschen nach und nach anzupassen. Zu Beginn der Bewegungsübungen tun sich vor allem hektische, unruhige, nervöse oder auch temperamentvolle Hunde ungemein schwer, sich dem langsamen Rhythmus ihrer Menschen anzupassen. Sie sind meist zu schnell und neigen zu distanzfördernden Ausbrüchen nach hinten, nach vorne oder auch zur Seite. Gelingt es aber dem Menschen, seinen Bewegungsrhythmus unnachgiebig beizubehalten, dauert es meist nur wenige Übungseinheiten und der Vierbeiner spiegelt zunehmend die Bewegungsabläufe seines Zweibeiners. Dadurch kommt es ohne weiteres Zutun auch zu mehr innerer Ruhe, die sich auf den gesamten Organismus des Hundes auswirkt.

Rhythmus-Training führt früher oder später in fast allen Fällen zu deutlich entspannteren Spaziergängen an der Leine.

2. Taktiler Rhythmus: Sanfte, rhythmisch wiederkehrende Streicheleinheiten mit einer oder mit beiden Handinnenflächen senden Signale über das Hautnervensystem des Hundes an dessen Gehirn und erzeugen dann eine wohltuende und stressreduzierende Gefühlswelt. Wichtig ist dabei, dass tatsächlich die Handinnenflächen und keinesfalls die einzelnen Finger oder Fingerkuppen eingesetzt werden (siehe S. 109 f.). Und wichtig ist auch, dass das „Abstreicheln" des Hundes von oben nach unten in Richtung Erdboden (entschleunigend) erfolgt und grundsätzlich nie von unten nach oben (beschleunigend), siehe S. 110.

3. Verbaler (stimmlicher) Rhythmus: Eine ruhige und vor allem vokalbetonte Signalgebung dem im Verhalten instabilen Vierbeiner gegenüber, trägt definitiv zu dessen Entschleunigung und damit zu einer zunehmenden Beruhigung des Stresssystems bei. Mit einem beispielsweise ruhig ausgesprochenen „Guuuut", „Cooool" oder „Jaaaawoooohl" lassen sich ruhige Signale über das Hörnervensystem des Hundes auf dessen Gehirn übertragen und führen mittel- und langfristig zu einer entschleunigenden Wirkung. Wer hingegen auf eine lautsprachliche Unterstützung verzichtet, hat geringere Erfolgsaussichten.

Oft ohne Erfolg! Der Mensch bleibt stehen, wenn der Hund zieht...

... und geht erst dann weiter, wenn sich die Leine lockert.

ALTERNATIVTRAINING OFT ERFOLGLOS

Es werden auch alternative Trainingswege gesucht, um einen Hund durch ein ganz bestimmtes Verhalten des Menschen zu mehr Ruhe zu verhelfen. Ein typisches Beispiel ist das An-Der-Leine-Ziehen des Hundes, das so manchen Zweibeinern jeglichen Spaß an Spaziergängen nehmen kann. Dazu hat sich in den vergangenen Jahren eine Methode etabliert, mit der allerdings nur wenige uns bekannte Hundehalter den erwünschten nachhaltigen Erfolg erzielen konnten: Stehen bleiben, weitergehen, stehen bleiben, weitergehen, stehen bleiben, ...

Verbreitetes Alternativ-Training basiert auf einem Irrtum!

Eine seit Jahren verbreitete Trainingsvariante verläuft gänzlich außerhalb rhythmischer Bewegungen und hat dabei einen auf den ersten Blick fundierten, lerntheoretischen Hintergrund. So wird vielen Hundehaltern empfohlen, mit dem angeleinten Hund immer dann stehen zu bleiben, wenn dieser an der Leine zieht. Der Hund kann somit nicht weitergehen. Sobald sich die Leine wieder lockert, soll der Zweibeiner losgehen. Zieht der Hund erneut an der Leine, bleibt der Mensch stehen. Lockert sich die Leine, geht es wieder weiter. Diesen Vorgang soll man angeblich solange wiederholen, bis der Hund gelernt hat, nicht mehr an der Leine zu ziehen, denn schließlich geht es ja bei gestraffter Leine nicht mehr weiter. Lerntheoretisch ist die Zielstellung klar! Auf der Basis der sogenannten operanten Konditionierung wird hier unter verhaltensbiologischen Gesichtspunkten dem Hund durch das Stehenbleiben etwas Unangenehmes vermittelt (er kann nicht mehr weitergehen). Lockert sich die Leine dann wieder, weil der Hund auch steht, zeigt er ein erwünschtes Verhalten, was ihm letztlich das Weitergehen ermöglicht. Dies nennt man dann verhaltensbiologisch „negative Verstärkung" (etwas Unangenehmes, die straffe Leine, verschwindet). Hier kollidiert allerdings die Lerntheorie mit der Praxis ganz erheblich. Auffallend viele temperamentvolle und nach außen motivierte Hunde verändern ihr Verhalten auch nach unzähligen Trainingseinheiten schlicht und ergreifend nicht

01

02

oder bestenfalls geringfügig! Ganz im Gegenteil kann es zur Konditionierung sogenannter Handlungsketten kommen, die irgendwann automatisiert bzw. reflexartig ablaufen. Stehen, gehen, stehen, gehen ... führt so bei vielen Hunden zu selbstverständlichen Handlungsabläufen, die dann – im weitesten Sinne – stereotyp ablaufen und vom Vierbeiner irgendwann überhaupt nicht mehr bewusst wahrgenommen werden.

Dieses Modell funktioniert somit in der Theorie makellos, in der Praxis jedoch kennen wir nur sehr wenige temperamentvolle Hunde, bei denen dieses Trainingsmodell zu einem nachhaltigen Erfolg geführt hat. Ganz zu schweigen von den vielen hektisch wirkenden Momenten, die das Verhalten von ohnehin unruhigen oder auch instabilen Hunden nochmals negativ verstärken können. Theoretisch korrekt, praktisch viel zu häufig erfolglos, könnte ein entsprechendes Fazit lauten! Bleiben wir also besser bei den rhythmischen Vorgaben des Zweibeiners und wenden uns dabei inhaltlich dem dualen Führtraining an Halti und Halsband oder auch Halti und Geschirr zu.

RUHIGES FÜHRTRAINING

Bei den Führübungen am Halti kommen im Wesentlichen zwei Entschleunigungskomponenten zum Einsatz: Bewegungsrhythmus sowie verbaler Rhythmus fließen harmonisch in die Führübungen mit ein. Das Halti kann ganz gut mit den Stützrädern eines Kinderfahrrades verglichen werden. Das Kinderfahrrad kann nicht umfallen, wenn die Stützräder montiert werden. Der Hund ist im Vergleich wesentlich leichter „lenkbar", wenn das Halti „montiert" wurde. Ganz klar, dass die meisten Hunde in unserer Gesellschaft auch ohne Halti, nur an Geschirr oder Halsband, ausreichend führbar sind. Und dennoch gibt es zahlreiche Hunde, die aufgrund bestehender Verhaltensauffälligkeiten ohne Halti so schwer führbar sind, dass der Einsatz des Haltis eine enorme Erleichterung für den Zweibeiner – und später sogar für den Vierbeiner – darstellen kann. Dies insbesondere, wenn das Kräfteverhältnis zwischen Mensch und Hund zugunsten des Hundes ausfallen sollte.

03

RISIKO BEI FALSCHEM EINSATZ

Beim Einsatz eines Haltis ist aber immer auch Vorsicht geboten. Eine missbräuchliche Anwendung kann dazu führen, dass diese sogar die Merkmale einer tierschutzrechtlichen Relevanz erfüllt (Leiden). Hundehalter, die den Einsatz des Haltis nicht oder nur unzureichend beherrschen, sollten niemals das Führen am Halti selbst ausprobieren bzw. mit dem Halti am Hund herumexperimentieren! Sehr schnell können so fatale Probleme entstehen, die den Vierbeiner unter eine unnötige Stressbelastung stellen. Auch sollte ein Halti groß genug sein, damit der Hund nach dem Anlegen auch noch hecheln oder gähnen kann! Oben sehen wir bei einem Stoffhund den Kardinalsfehler, der bei einem unbedachten Einsatz des Haltis immer wieder gemacht wird (Fotos 1 & 2).
Stattdessen muss die Grundausrichtung beim Führen am Halti so ausgerichtet sein, wie es auf Foto 3 zu sehen ist.
Mit den Impulsen, die bei begründetem Bedarf auf den Fang des Hundes einwirken, soll vor allem die Blickrichtung des Hundes beeinflusst bzw. verändert werden. Gelingt es geschickt, über das Halti den Kopf des Vierbeiners zu steuern, steuert man quasi automatisch den ganzen Hund. **Jedem unerfahrenen Hundehalter, der mit dem Gedanken spielt, seinen Vierbeiner über ein Halti zu führen, ist anzuraten, sich den Einstieg durch eine fachlich kompetente Person zeigen und erläutern zu lassen!**

01 Wenn fälschlicherweise an der Leine, die sich am Halti befindet, ein anhaltender Zug entsteht, wird quasi der Kopf des Hundes weggezogen und gleichzeitig der Fang des Hundes zugeschnürt.

02 Ein derartiger Missbrauch dient generell Stressförderung und steigert das Unwohlsein eines jeden Hundes. Diese Fehlgriffe schaden deutlich mehr, als sie nutzen.

03 Die Leine am Halti ist gelockert, der Fang des Hundes wird nicht zugeschnürt. Mit dem auf der Halti-Leine liegenden Zeigefinger können nun bei Bedarf ein oder auch mehrere kurze Impulse auf den Fang des Hundes durchgeführt werden.

Die korrekte Ausgangsposition! Die Leine am Halti ist leicht gelockert, der Zeigefinger liegt auf der Leine.

Duales Führen über Halsband und Halti oder …

… duales Führen über Geschirr und Halti.

Korrigierende Impulse (Kopf soll nach rechts) über den Zeigefinger.

Handwechsel auf die andere Körperseite (Korrektur nach hinten).

Korrekturen nach links erfolgen über das Bein des Menschen.

Bei einer beabsichtigten Wendung nach links …

… schiebt sich das linke Bein vor den Hundekörper …

… und das rechte Bein führt die Wendung aus.

Immer wieder muss darauf geachtet werden, …

… dass es zu keiner Straffung der Halti-Leine kommt, …

… und dass die Halti-Leine nicht zu sehr durchhängt.

Dieses extreme Ziehen ist nicht nur für den Zweibeiner sehr stressig.

GEWÖHNUNG AN DAS HALTI

Zu beachten ist in jedem Fall, dass vor dem Einsatz eines Haltis eine ein- bis zweiwöchige „Tragegewöhnung“ erfolgt. Am besten geschieht dies in der stressfreien häuslichen Umgebung und nicht auf den Spaziergängen. In dieser Zeit darf noch keine Leine am Halti befestigt werden.
Zudem sind die Tragezeiten – unter Beobachtung und Kontrolle des Zweibeiners – anfangs nur wenige Minuten, später bis zu einer halben Stunde völlig ausreichend.
Unbeobachtet sollte im Zeitraum der Halti-Gewöhnung ein Hund ohnehin nicht bleiben, da das Risiko besteht, dass der Vierbeiner das Halti mit seinen Pfoten über den Kopf abstreift.

ZIEHEN AN DER LEINE

Betrachten wir das Foto mit dem Weimaraner oben, werden wir feststellen, dass uns dieses Bild nicht fremd ist, wenn wir beim Spazierengehen auf manche entgegenkommende Hunde treffen.

01 Körperhaltung, Abläufe und die Handgriffe an den Leinen sollten zuerst an einem Stoffhund geübt werden.

Viele betroffene Hundehalter bezeichnen diesen Umstand auch als „Jekyll-und-Hyde-Syndrom", und damit meinen sie nichts anderes, als dass der Vierbeiner zu Hause der „bravste Hund der Welt" ist. Doch geht es vor die Haustür, mutiert der brave Hund zum „Terroristen". Keine Angst, das „Jekyll-und-Hyde-Syndrom" ist in Wahrheit eine antisoziale Persönlichkeitsstörung und das trifft selbstverständlich auf diese Hunde nicht zu!

ELEMENT EINES MASSNAHMENPAKETES

Niemand soll und darf die Hoffnung haben, dass mit dem Führen am Halti alle Probleme gelöst wären. Wie bereits ausführlich erläutert, bedarf es beim Umgang mit schwierigen Hunden das Vorhalten eines Maßnahmenpakets, bei dem das Halti nur eines von mehreren ineinandergreifenden Rädchen darstellt (siehe S. 116 ff.). Ohnehin muss klar sein, dass wir die vorübergehende Einschränkung durch ein beengteres Führen am Halti irgendwie auch kompensieren und damit ausgleichen müssen. Ein Hund soll ja auch nicht den gesamten Spaziergang über brav am Halti gehen müssen. Sehr wohl aber soll und muss es situativ möglich sein, den Vierbeiner ruhig und entspannt in ablenkenden Situationen gelassen und souverän in diese hinein- und auch wieder herauszuführen. Kompensation bedeutet auch, dass künftige Spaziergänge nicht nur das Führen am Halti, sondern auch die Durchführung von auslastenden Beschäftigungsmodellen beinhalten sollte (siehe S. 186 ff.).

TECHNISCHE UMSETZUNG

Wenn wir uns erneut dem Halter des Weimaraner-Rüden zuwenden, denken wir an dieser Stelle noch nicht daran, sofort mit dem Führtraining am Halti zu beginnen. Zunächst geht es um die Vermittlung der technischen Umsetzung zum Einsatz des Haltis.

02 *Ein klein wenig erinnert der Einstieg an „Kuppeln-Schalten-Gasgeben-Bremsen".*

03 *Auch hier bedarf es einiger Übung, bis das Autofahren etwas flüssiger und weniger holprig vonstatten geht.*

01 Aller Anfang ist schwer! Es geht erst einmal darum, dass der Zweibeiner seinen eigenen Rhythmus findet, …

02 … und dabei seinen Vierbeiner zwingend an der Seite mitführt.

KLEINSCHRITTIGES FÜHRTRAINING

Die Gewöhnung an das Halti hat unser Weimaraner bereits hinter sich und nach den sogenannten „Trockenübungen" am Stoffhund durch den Zweibeiner kann nun unter Anleitung mit dem „echten" Führtraining kleinschrittig begonnen werden. Der typisch holprige Start zu Beginn der Praxisübungen ist zwar vorgezeichnet, allerdings sind dem Zweibeiner die wichtigsten Handgriffe mittlerweile bekannt.

Zunächst sehen wir die ersten und unruhig wirkenden Schritte, die noch kein abgestimmtes, harmonisches Gesamtbild ergeben können.

Zu Beginn ist ein Hund nicht in der Lage, dem Rhythmus des Menschen zu folgen. Hektisch versucht auch unser Weimaraner, sich den Vorgaben seines Zweibeiners zu entziehen. Dieser jedoch geht beharrlich seinen Weg, schimpft überhaupt nicht und ist weder wütend noch aggressiv. Gleichzeitig aber lässt er seinem Hund keine Möglichkeit, mit seinen Ausbruchversuchen Erfolg zu haben. Wichtig ist, dass der Zweibeiner hoch konzentriert die langsamen Bewegungsvorgaben erfüllt und dabei keine negativen Gefühle dem Hund gegenüber zulässt. Er muss einfach geduldig akzeptieren lernen, dass der Hund in eine für ihn völlig neue Welt eintaucht und es ihm sehr schwerfallen dürfte, sein bisher gezeigtes Verhaltensrepertoire plötzlich komplett umstellen zu müssen. Und weiterhin muss der Mensch darauf achten, die soziale Unterstützung des Hundes durch verbales Lob aufrechtzuerhalten. Vokalbetont ruhig und sanft soll die Stimme sein, kein hochfrequentes „Suuupi!" oder „Klasse!" Das würde ja nicht Entschleunigung sondern, gegenteilig, Beschleunigung bedeuten. Bei genauem Hinschauen erkennt

03 Nach ein paar weiteren Trainingsminuten ist eine erste Wirkung zu erkennen.

04 Der Weimaraner passt sich nach und nach den Bewegungsvorgaben seines Zweibeiners an.

man auf den Fotos1 und 4, dass der Zweibeiner den Daumen seiner rechten Hand in der Hosentasche „verankert" hat.
Dafür gibt es einen triftigen Grund: Die meisten Zweibeiner neigen beim Üben dazu, die Leine straff zu halten. Wir wollen aber weder am Halsband, noch am Geschirr und schon gar nicht am Halti eine gestraffte Leine. Das ist leichter gesagt, als getan! Auch wir Menschen haben unsere festgefahrenen Automatismen. Ein Hundehalter, der über einen längeren Zeitraum seinen Vierbeiner nur an straffer Leine führt, neigt reflexartig dazu, im Führtraining immer wieder „rückfällig" zu werden. Also „verankern" wir im Training den Daumen in der Hosentasche. Dieser Umstand verhindert Bewegungen von Hand und oder Arm, wodurch eine Straffung der Leine unwahrscheinlicher wird.

Der in die Hosentasche gesteckte Daumen verhindert das oftmals automatisiert auftretende Straffen der Hundeleine durch den Zweibeiner.

Ein erstes Konflikttraining bei einem entgegenkommenden, bellenden Fremdhund unter detaillierter Traineranleitung.

Die Futtertube kommt nicht zum Einsatz, um den Hund zu beruhigen, sondern um ihn für gezeigtes, ruhigeres Verhalten zu belohnen. Das verhilft letztlich zu mehr Entspannung.

THERAPEUTISCHE WIRKUNG DER FUTTERTUBE

Sobald im La-Ko-Ko®-Führtraining erkennbar wird, dass sich die erhoffte Anpassung des Hundes an den Menschen auch tatsächlich einstellt, kann bei vielen Hunden die Akzeptanz des neuen Führtrainings nochmals erhöht werden. Dabei wird das ohnehin schon etablierte soziale Belohnen durch Stimme und Streicheleinheiten mit einer materiellen Belohnung angereichert. Quasi das „Sahnehäubchen" in Sachen Belohnung. Bei der materiellen Belohnung handelt es sich allerdings ausschließlich um Futtergaben aus einer handelsüblichen Futtertube. Schon seit vielen Jahren können wir den enormen, entschleunigenden Effekt der Futtertube am Verhalten der Hunde erkennen.

Bei auf dem Boden liegenden, bereits erwachsenen Hunden, konnten wir häufig beim Lecken an der Futtertube sogar ein „Milchtritt-Verhalten" beobachten, das normalerweise bei gesäugten Welpen an der Milchleiste der Mutterhündin anzutreffen ist. Wir vermuten an dieser Stelle, dass es hier im

Gehirn dieser Hunde zu Rückblenden (Fachbegriff „Flashback") kommt, die quasi die Erinnerung an die frühe Welpenzeit aktivieren. Sollten wir mit unserer Vermutung recht haben, dürfte es auch erklärbar sein, warum der Einsatz einer Futtertube diese erkennbar beruhigende und damit entschleunigende Wirkung hat.

Vorsicht! Der Zweibeiner sollte nie den fehlerhaften Versuch unternehmen, einen gerade unruhigen bzw. hektischen oder nervösen Hund mit der Futtertube zu beruhigen. Eine Verstärkung von innerer Ruhe mittels Futtertube kann nur dann sinnvoll stattfinden, wenn der Hund ZUVOR ein gewisses Maß an Ruhe erreichen konnte. Mit der Futtertube wird damit ein bereits gezeigtes, erwünschtes Verhalten intensiviert. Wird die Futtertube zu früh eingesetzt, wenn der Hund beispielsweise gerade hektisch ist, kann sie schlimmstenfalls die vorliegende Hektik verstärken.

FUTTERTUBE

Die rhythmischen Leckbewegungen des Hundes an einer Futtertube tragen erfahrungsgemäß erheblich zur Entspannung eines Hundes bei! Genau deshalb setzen wir die Futtertube seit geraumer Zeit auch unter verhaltenstherapeutischen Aspekten als Belohnungssystem ein. Einzelfuttergaben aus der Hand erzielen – ebenfalls aus praktischer Erfahrung – diesen Effekt nicht.

ABLENKUNGEN VON AUSSEN

Nachdem die ersten Trainingserfolge in stressreduzierter Umgebung zu verzeichnen sind, geht es nach einer Pause in weitere Übungsabschnitte, die mit zunehmender Ablenkung von außen verbunden werden. Erneut sind jetzt die innere Ruhe und Souveränität des Zweibeiners gefragt! Der Hundehalter bleibt bei allem, was jetzt geschieht, betont gelassen. Die kompetente fachliche Anleitung ist in dieser Phase besonders wichtig. Unser Weimaraner darf und wird auch hektisch reagieren, sein Zweibeiner keinesfalls. Es wird noch einmal schwierig!

In rund zehn Metern Entfernung (darf anfangs auch deutlich mehr sein) taucht ein fremder Hund auf. Der Halter weiß jetzt ganz genau, was zunächst auf ihn zukommen wird. Und er weiß auch, dass alles, was nun geschehen wird, völlig normal und akzeptabel ist. Deshalb wird er unter keinen Umständen, dem Hund gegenüber, enttäuschte oder gar wütende Empfindungen zulassen. Es ist nicht jedermanns Sache, beim Fehlverhalten des Vierbeiners eine positive Grundeinstellung zu zeigen und damit aufkeimende Wut und Aggression beiseitezuräumen. Aber man kann genau das lernen! Eine konstruktive Auseinandersetzung mit dem Hund ist nur dann konstruktiv – und damit gewinnbringend – wenn der Mensch souverän auftritt. Sobald allerdings beim Zweibeiner emotional gefärbte Aggression (Wut) ins Spiel kommt, wird das vorgegebene Ziel mehr als infrage gestellt.
Ein paar Trainingsminuten später kann sich das Ergebnis durchaus sehen lassen.

Vorsicht: Kein La-Ko-Ko®-Training bei Hund-Halter-Aggression! Vereinzelt treffen wir auf Hunde, die den zunehmenden Führanspruch des Zweibeiners nicht akzeptieren und dessen Bemühungen mit aggressiver Gegenwehr begegnen. Hier fällt selbstverständlich diese Art des Trainings zunächst flach! Stattdessen wendet sich hier der fachkundige Hundetrainer zunächst einem anderen Aufgabenfeld zu. La-Ko-Ko® gilt hier als aufgeschoben, nicht aber als aufgehoben.

01 Jetzt geht es los! Die Ablenkung durch den fremden Artgenossen zeigt Wirkung.

02 Völlig sorgenfrei und dem Vierbeiner gegenüber emotional positiv eingestellt, bringt der Zweibeiner seinen Hund immer und immer wieder in die vorgegebene Ausgangsposition.

03 Mit Geduld und einem „langen Atem" ist der Erfolg in fast allen Fällen garantiert.

04 Es ist kein „Hexenwerk", einen hoch erregten Hund innerhalb relativ kurzer Zeit zur Ruhe zu bringen.

05 Die Schlüsselposition nimmt dabei der Mensch ein, dessen „neuer" Umgang mit dem Hund schnell positive Spuren hinterlässt.

06 Die liebevolle Zuneigung gehört auch mit in die Trainingsabläufe!

Die Handinnenfläche des Menschen vermittelt dem Vierbeiner ein hohes Maß an Sicherheit und Vertrautheit.

KOPF-IN-HAND-MODELL

Methodisch noch relativ jung ist in unserer La-Ko-Ko®-Arbeit das „Kopf-in-Hand-Modell". Hierzu lernt der Hund, zunächst freiwillig, später auch verpflichtend, seinen Fang in die Hand des Zweibeiners zu legen und ihn dort auch für einen vorgegebenen Zeitraum zu belassen. Erfahrungsgemäß führt dieses Übungsmodell zu einer weitergehenden Beruhigung beziehungsweise Entspannung des Vierbeiners.

AUFBAU DES TRAININGS

Der Einstieg in dieses Training erfolgt zunächst außerhalb von La-Ko-Ko® in reizarmer Umgebung. Der Hund soll lediglich lernen, dass ihm die Berührung der menschlichen Hand unterhalb seines Kopfes ein angenehmes Gefühl von Sicherheit und Geborgenheit vermittelt. Hierbei müssen wir von Hund zu Hund entscheiden, ob wir dieses Training zu Beginn nur mit sozialer Belohnung oder auch mit einer Futterbelohnung (Futtertube) aufbauen. Das viel zu pauschale Vorgehen, neue Lerninhalte grundsätzlich mit Futterbelohnung aufzubauen, halten wir für falsch und lehnen es ab! Wir entscheiden im Einzelfall und nicht pauschal. Sobald das erwünschte Verhalten des Hundes erreicht wurde – er legt auf Hörzeichen (Beispiel: „Hand") seinen Kopf in die Handinnenfläche des Zweibeiners – können wir dieses Führmodell auch in das La-Ko-Ko®-Training integrieren.
Es ist schön anzuschauen, wenn ein Hund bei der Begegnung mit Artgenossen nicht mehr unruhig an der Leine zerrt, sondern stattdessen vertrauensvoll den Kopf in die Hand seines Menschen legt.

Bei geübten Mensch-Hund-Teams auch in der Freifolge.

Der Kreativität sind im Boden- und Gerätetraining so gut wie keine Grenzen gesetzt. Das heißt, neben der gezeigten Auswahl an Möglichkeiten, lassen sich zahlreiche weitere Ideen und auch Varianten in der Praxis umsetzen. Langsamkeit, Koordination und Konzentration kennzeichnen den Begriff La-Ko-Ko® und sind auch beim Boden- und Gerätetraining die Kernelemente gemeinsamer Aktivitäten. Ganz nebenbei haben diese Übungen auch noch eine physiotherapeutische Wirkung und stärken das Selbstbewusstsein, die Körperwahrnehmung und -kontrolle. Die meisten Hunde verfeinern durch regelmäßiges Training ihre motorischen Abläufe und werden so im Umgang mit Bewegungen sensibler und detaillierter.

BODEN- UND GERÄTETRAINING

Beim sogenannten Bodentraining oder auch im Gerätetraining geht es darum, die Anforderungen innerhalb der La-Ko-Ko®-Übungen so zu erhöhen, dass sich der Vierbeiner dem vor ihm liegenden Weg mit noch mehr Konzentration und Aufmerksamkeit widmet, als dies bei einer üblicheren Wegbegehung der Fall ist. Da für den Vierbeiner zunehmend schwierigere Aufgaben zu erfüllen sind, entwickelt er neben einer erhöhten Aufmerksamkeit auch mehr Körperbeherrschung und damit mehr Körperbewusstsein. Das gemeinsame Begehen und damit auch Erleben der errichteten Parcours können zudem die Qualität der Mensch-Hund-Beziehung deutlich erhöhen.

LA-KO-KO® IM ALLTAG

Wie geht es weiter? Diese berechtigte Frage steht natürlich immer dann im Raum, wenn die Trainingserfolge bereits positive Veränderungen beim Vierbeiner bewirkt haben. Welche konkreten Möglichkeiten, Strategien und Methoden dann das weitere Zusammenleben zwischen Mensch und Hund im Alltag bestimmen bzw. wie sie eingesetzt werden, hängt sehr stark von der Individualität des Vierbeiners und auch des Zweibeiners ab. Haben Mensch und Hund eine vergleichsweise hohe, positive Beziehungsqualität, kann zudem nicht nur von einer besseren Nachhaltigkeit, sondern auch von einem wesentlich kürzeren Zeitfenster in Sachen Erfolg ausgegangen werden, als bei „Beziehungskisten“, die sich sozial noch in einer Schieflage befinden.

BODEN- UND GERÄTETRAINING

01 Das Labyrinth zählt zu den Elementen des Bodentrainings, genauso wie …

02 … vorgegebene Slalom-Parcours, die beim Begehen eine gute Koordination erfordern.

03 Bodentraining mit sternförmig ausgelegten Hindernissen stärkt die Körperbeherrschung und das Körperbewusstsein.

04 Ruhige Halteübungen auf einem Tisch, der auch einmal durch eine Hilfsperson zum Wackeln gebracht werden kann, gehören zum Gerätetraining.

05 Gerätetraining im gemischten Parcours, …

06 … auf der Leiter, …

07 … und auf Säulen.

08 Bei bestimmten Übungen kann sich eine Unterstützung als wertvoll erweisen.

09 Weitere Geräteelemente sind das Wackelbrett, …

10 … die Wippe, statisch oder in Bewegung …

11 … sowie die Hängebrücke.

01

02

03

04

05

06

07

08

09

10

11

Das Training ist ja die eine Seite, die Umsetzung in das Alltagsgeschehen die andere. In jedem Fall muss darauf geachtet werden, dass – vor allem bei sensiblen und unsicheren Hunden – das „Eintauchen“ in die Welt des Alltags behutsam, vorsichtig und besonnen erfolgt.
Die Verlagerung des La-Ko-Ko®-Trainings in den Alltag sollte selbstverständlich sein, wobei kaum mehr als 10 bis 20 Minuten Trainingszeit pro Tag beansprucht werden müssen. Wir hatten dazu zu Beginn schon einen beispielhaften Ablauf kurz vorgestellt (siehe S. 25). Ob in Parks, Fußgängerzonen, auf Bahnhöfen oder Einkaufszentren, ein kurzzeitiges La-Ko-Ko®-Training trägt bekanntermaßen zur Entschleunigung bei.

LEBENSLÄNGLICH HALTI?

Ganz zu Recht taucht spätestens jetzt die Frage auf, wann der Zeitpunkt gekommen ist, an dem das Halti wieder abgelegt werden kann. Denn schließlich sollte es sich ja um ein vorübergehendes Hilfsmittel handeln, ähnlich wie die Stützräder an einem Kinderfahrrad.
Eine Frage, die nicht pauschal beantwortet werden kann, sondern sich am Einzelfall orientieren muss. Bei manchen Hunden kann schon nach wenigen Wochen auf den Einsatz des Haltis verzichtet werden, bei manchen Hunden erst nach einem halben Jahr oder Jahr. Und bei ein paar wenigen Hunden sollte das Halti immer angelegt

Harmonische Zweisamkeit darf auch mal auf dem Supermarkt-Parkplatz …

… und nicht nur Zuhause oder auf dem Trainingsplatz gezeigt werden.

Wird die Leinenführigkeit erheblich besser, können erste „Bewährungsproben" im Alltag auch ohne Halti erfolgen.

sein, weil sich diese Hunde mit angelegtem Halti im Alltag bzw. auf Spaziergängen deutlich wohler fühlen als ohne. Es wird somit immer eine Einzelfallentscheidung bleiben, wie lange ein Hund sein Halti tragen sollte.

Im besten Fall kann ein Vierbeiner mit dem Hilfsmittel Halti nach vergleichsweise kurzer Zeit eine hohe Alltagstauglichkeit erhalten und diese dann nachhaltig auch ohne Halti beständig erhalten. Das angestrebte Ziel, auch ohne Halti eine gute Leinenführigkeit zeigen zu können, hängt ja nicht nur von der Tragezeit des Haltis, sondern ganz besonders auch von einem generell veränderten Umgang mit dem Hund im Alltag ab.

MEHR QUALITÄT DURCH VERÄNDERUNG

Das Motto „Wachstum bedeutet immer auch Veränderung" spielt eine ganz bedeutsame Rolle, wenn wir mehr Lebensqualität für unseren Vierbeiner und damit auch für uns selbst beanspruchen. Niemand kann und darf von seinem Hund verlangen, dass er sich aufgrund eines erhobenen Zeigefingers oder auch durch die bloße Vergabe von Leckerli oder Spielzeug in seinem Verhalten grundlegend ändert. Der Mensch ist dazu aufgerufen, ja sogar verpflichtet, sich selbst und, meist noch weitergehend, die Rahmenbedingungen im Zusammenleben mit seinem Hund zu verändern. Erst dann kann es dem Vierbeiner ermöglicht werden, sich durch Anpassung an die veränderten Strukturen auch selbst im positiven Sinne weiterzuentwickeln.

Zu den veränderbaren Rahmenbedingungen zählt übrigens auch die individuell ausgerichtete Beschäftigung für unsere Familienhunde. Auch hierzu muss man sich vor pauschalen und dogmatisierten Empfehlungen hüten. So ist in diesem Zusammenhang beispielsweise Joggen und Radfahren nicht für jeden Hund eine geeignete Auslastung. Auch wird immer wieder behauptet, aktive und temperamentvolle Hunde sollten auch immer aktiv beschäftigt werden. Doch Vorsicht, wer einem überaus aktiven Hund auch noch „beschleunigende" Beschäftigung anbietet, kann Öl ins Feuer gießen und ihn damit sprichwörtlich „überdrehen". Und wer glaubt, einen sehr passiven und damit eher trägen Hund überhaupt nicht beschäftigen zu müssen, kann damit im Einzelfall die Lebensqualität seines Vierbeiners reduzieren. Gehen wir abschließend auf ein paar gängige Beschäftigungskonzepte für unsere Familienhunde ein und erörtern dabei auch das Für und Wider der vorgestellten Varianten.

OPTIMALE BESCHÄFTIGUNG

— *Mehr Lebensqualität für Hunde*

BESCHÄFTIGUNGSMODELLE

Die Beschäftigung von Familienhunden ist nahezu immer eines der Kernelemente des notwendigen Maßnahmenpaketes zur Gestaltung der Lebensqualität.
Dieser Umstand zieht die Notwendigkeit nach sich, bei der Wahl der Beschäftigung zielgerichtet und damit auch bedürfnisorientiert zu handeln. Längst ist in diesem Zusammenhang bekannt, dass Ballspielen, Stöckchenwerfen und ähnlich aktive Unternehmungen mit dem Vierbeiner häufig keine (!) optimale Auslastung darstellen. Der Organismus des Hundes wird dadurch quasi auf Touren gebracht, die Erwartungshaltung des Hundes auf das objektbezogene Spiel wird erhöht und derart beschäftigte Hunde neigen sehr schnell dazu, ständig „unter Strom" zu stehen. **Hektik, Unruhe und Nervosität sind nicht selten eine Folge der Beschäftigung durch objektbezogene Beutespiele.**
Gerade im Hinblick auf eine künftige Stabilisierung von Hundeverhalten, stehen die Chancen für den schwierigen Hund zur Begrenzung von Erregungsprozessen bei „ruhigeren" Beschäftigungsmodellen definitiv besser als bei „aufregenden". Die Förderung von Konzentration, Ruhe und Ausgeglichenheit zeigen erfahrungsgemäß vor allem mittel- und langfristig eine ausgezeichnete Wirkung, und das bei vergleichsweise geringem Zeitaufwand.

Spielerisches Toben – zwischendurch – bereichert das Leben!

VOLLGAS ODER SCHRITT

Beschäftigungen jeglicher Art haben wenig Sinn, wenn das grundlegende Ruhebedürfnis von Hunden zu wenig Beachtung findet. Ruhe- und Rückzugbereiche gehören deshalb zur notwendigen Basis innerhalb einer jeden Haltung von vierbeinigen Sozialpartnern. **Ausbleibende Ruhezeiten sind definitiv stressfördernd und gehen deshalb sehr schnell mit einer Reduzierung der Lebensqualität einher.**
Erst wenn diese wichtige Basis (Ruhezeiten) zur Verfügung steht, sollten im Leben des Hundes bereichernde Beschäftigungsmodelle umgesetzt werden. Doch genau hier beginnen die ersten Meinungsverschiedenheiten, wenn es um die Wahl der Beschäftigungsmodelle bzw. -methoden geht.

Die Beschäftigung des Hundes sollte keinesfalls konträr zu dessen Ruhebedürfnis stehen.

DIE RICHTIGE WAHL

Es liegt immer im Auge des Betrachters, wenn es um die Wahl des richtigen Beschäftigungsmodells geht. Damit ist alles rund um das Thema Beschäftigung des Familienhundes eine Frage des individuellen Blickwinkels.
Der Blickwinkel des Menschen muss allerdings als „verbogen" angesehen werden, wenn er glaubt, dass körperliche Aktivitäten auf explosivem Niveau grundsätzlich jedem Hund zu mehr Lebensqualität verhelfen. Genauso „verbogen" ist der Blickwinkel, wenn ein Hundehalter überzeugt zu sein scheint, beschleunigende und erregende körperliche Aktivitäten würden einen Hund nur hektisch machen und ihn damit seiner Lebensqualität berauben.

Letztendlich haben wir doch die Wahl zwischen mittlerweile zahlreichen Beschäftigungsmodellen, die beiden Ansprüchen gerecht werden können. Der Denkfehler dabei ist jedoch häufig, die Beschäftigung des Familienhundes ausschließlich an dessen Bedürfnissen zu orientieren. Denn die Bedürfnisse eines Hundes entsprechen nicht immer dem, was tatsächlich für seine Lebensqualität gut ist.
Wenn der sogenannte „Ball-Junkie" täglich lustvoll, gierig und erwartungsvoll auf seinen Ball wartet, bedeutet das nicht pauschal Lebensqualität. Ganz im Gegenteil kann diese extreme Erwartungshaltung eine Reduzierung der Lebensqualität bedeuten. An dieser Stelle ist der Vergleich zwischen einem „Ball-Junkie" und einem Alkoholiker nicht von der Hand zu weisen.

Bei der Auswahl eines Beschäftigungsmodells geht es nicht ausschließlich um die „persönlichen" Bedürfnisse eines Hundes.

Umgekehrt kann das Bedürfnis eines unsicheren, instabilen und introvertierten Hundes mit wenig Selbstbewusstsein durchaus bedeuten, dass er keinerlei Verlangen verspürt, eine aktivierende Beschäftigung in Anspruch zu nehmen. Auch hier ist nicht dem individuellen Bedürfnis Rechnung zu tragen. Stattdessen muss es darum gehen, dem „schwachen" Hund mehr Lebensqualität durch ein aktiveres Beschäftigungsmodell zu vermitteln. **So können neue Bedürfnisse durch gezieltes Training entwickelt werden, die letztlich mehr Freude am Leben insgesamt bedeuten.**
Die Grafik auf der gegenüberliegenden Seite soll bei der Wahl der Beschäftigung aufzeigen, für welchen Typ Hund eine ruhe- und konzentrationsfördernde Beschäftigung gut sein kann. Und für welchen Typ Hund andererseits eine aktivierende und damit dynamisierende Beschäftigung ratsam wäre.

BESCHÄFTIGUNG NACH HUNDETYP

Bei auffallend aktiven, temperamentvollen oder auch hektischen Hunden sollte das Stresssystem und damit der Organismus des Hundes Entlastung finden. Die Beschäftigung sollte somit eine entschleunigende Wirkung auf den Hund haben. Bei eher instabilen, zurückgezogenen und antriebsschwachen Hunden muss es viel mehr um Beschleunigung gehen, als um Entschleunigung. Bei Hunden mit unauffälligem Normalverhalten kann methodisch die „Sowohl-Als-Auch-Variante gewählt werden.

NICHT JEDER HUND MUSS BESCHÄFTIGT WERDEN!

Selbstverständlich gibt es auch Vierbeiner unter unseren Familienhunden, die glücklich und zufrieden in Familien leben und – völlig nach-

vollziehbar – keinerlei Bedürfnisse in Sachen Beschäftigung haben.
Viele Familienhunde fühlen sich in diesem Zusammenhang völlig zufrieden, wenn sie in der Gesellschaft ihrer Menschen leben können, ohne dabei neben Spaziergängen und chillen auf dem Sofa inklusive Streicheleinheiten weitere Erwartungen anzumelden. Insbesondere alternde Hunde neigen häufig dazu, das häusliche Zusammensein mit ihren Menschen und gemütliche Spaziergänge derart zu genießen, dass sie keinerlei weitere Anforderungen bzw. Bedürfnisse mehr haben.

RASSESPEZIFISCHE BESCHÄFTIGUNG?

Ein Jagdhund muss nicht jagen, der Hütehund nicht hüten, der Schutzhund nicht schützen!
Auch wenn diese Aussage bei manchen Lesern die Zornesfalten ins Gesicht treiben sollte – es steht völlig außer Frage, dass rassespezifische Eigenschaften nicht so in Stein gemeißelt sind, dass nicht auch alternative Aufgaben die Lebensqualität dieser Hunde steigern könnten.
Es gibt zahlreiche vierbeinige Vertreter von Jagd-, Hüte- oder Gebrauchshunderassen, die andere Dinge tun, als das, was ihnen die Genetik mitgegeben hat. Reduzierte Lebensqualität? Fehlanzeige! Jagdhunde, die als Familienhunde gehalten werden, lieben beispielsweise Mantrailing, Futterbeutel oder Fährtenarbeit. Hütehunde lieben beispielsweise Trick-Dog, Futterbeutel und Longieren. Und Schutz- bzw. Gebrauchshunde leiden nicht unter Entbehrungen, wenn sie keinen Schutzdienst machen können, sondern öffnen sich fast immer auch für Beschäftigungsalternativen. Dennoch muss klar sein, dass Jagd-, Hüte-, Schutz- und andere Gebrauchshunde nicht beschäftigungslos bleiben sollten. All diese Hunde haben, genetisch bedingt, einen vergleichsweise hohen Energielevel und können auf dem Sofa und mit bloßen Spaziergängen keine wirkliche Lebensqualität erreichen.

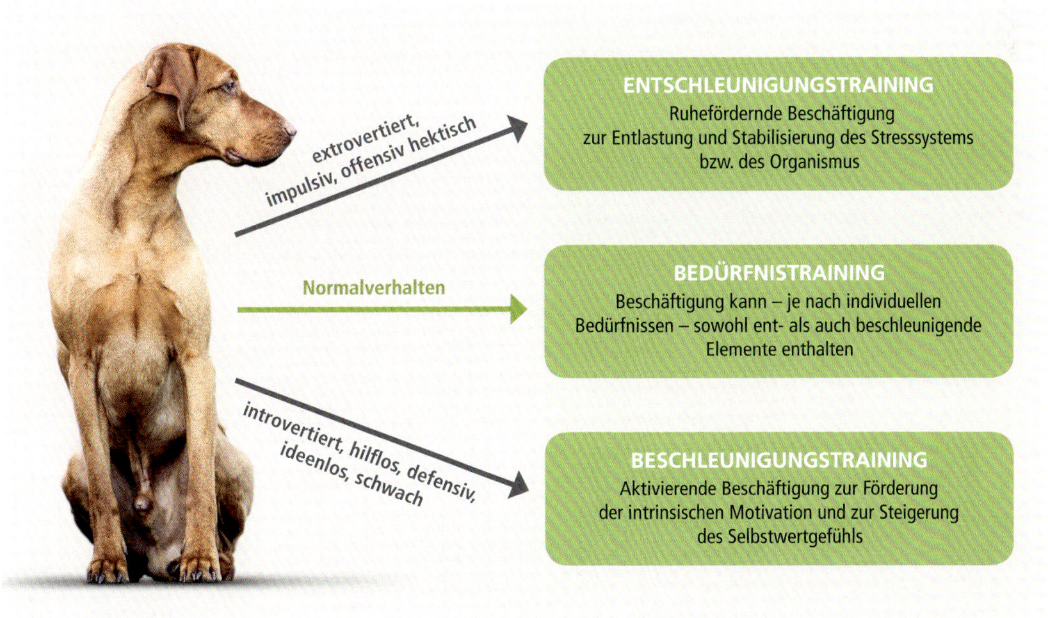

Ob ein Hund durch Beschäftigung beschleunigt oder entschleunigt werden soll, hängt von seiner „Persönlichkeit“ ab.

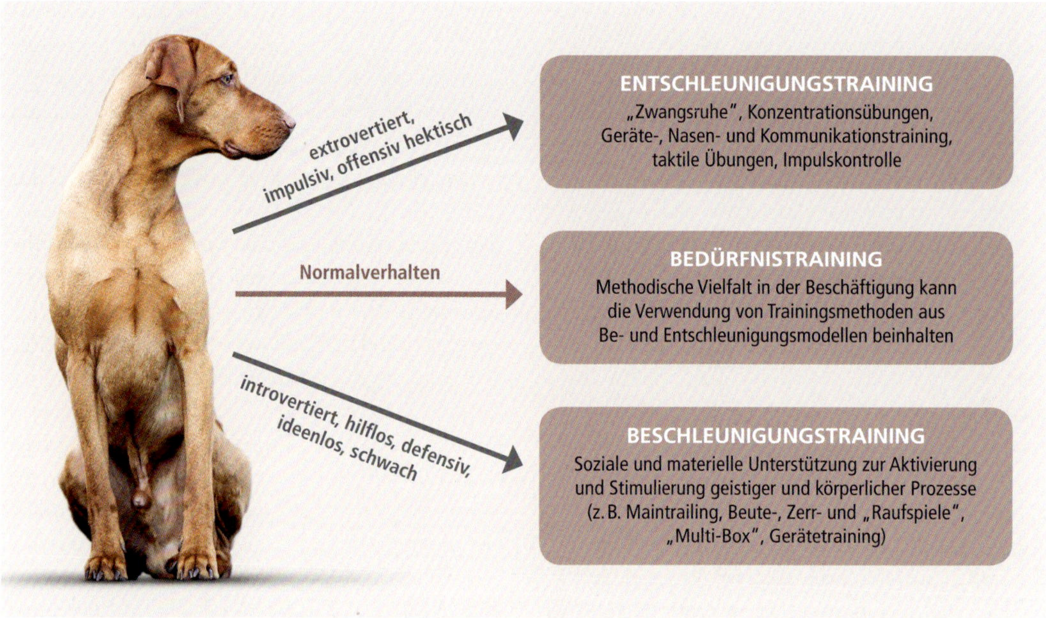

Beispiele, die individuell dem Entschleunigungs-, oder auch Beschleunigungstraining entsprechen können.

Übrigens sind seit ein paar Jahren und ganz aktuell vermehrt Verhaltensauffälligkeiten bei der belgischen Schäferhundrasse Malinois festzustellen. Gerade diese Rasse neigt bei Unterbeschäftigung – und auch bei fehlgeleiteter Überbeschäftigung – zu Frustrationshandlungen, die nicht selten mit aggressiven bzw. bissigen Übergriffen auf Hunde und Menschen verbunden sind. Unerfahrenen Hundehaltern ist dringend zu empfehlen, sich nicht von den „schönen" Äußerlichkeiten eines Malinois leiten zu lassen. Das kann im Einzelfall fatale Folgen haben!
Beispielhaft finden sich in der Grafik oben ein paar methodische Ideen, wie besonders aktive und – gegenteilig – besonders zurückhaltende Hunde beschäftigt werden können.
Beim Entschleunigungstraining sind übrigens unter dem Begriff „Zwangsruhe" vor allem die bereits ausführlich beschriebenen „Standby-Übungen" zu verstehen (siehe S. 142 ff.).
Abschließend noch Erläuterungen zu zehn verbreiteten Konzepten zum Thema Beschäftigung, die allesamt für sich in Anspruch nehmen, die Lebensqualität eines Hundes zu optimieren.

GASSIGEHEN

Das Standard-Beschäftigungsmodell für die allermeisten Familienhunde ist das Gassigehen. Spaziergänge können – je nach Persönlichkeit des Hundes – entschleunigende oder auch beschleunigende Elemente enthalten.
Selbstverständlich kann auch der lapidare, tägliche Spaziergang mit dem Hund das minimale Erfordernis einer Beschäftigung erfüllen. Dabei kommt es allerdings sehr stark auf die damit verbundene Gefühlswelt eines jeden einzelnen Hundes an.
Für den einen Hund kann eine Gassirunde zur Erhöhung der Lebensqualität beitragen. Er freut sich dementsprechend und geht sehr neugierig auf dem Spaziergang von Schnüffelstelle zu Schnüffelstelle, um „Zeitung zu lesen" und damit immer das Neueste in Erfahrung zu bringen. Für ihn ist jeder Spaziergang eine wertvolle und auch sinnvolle Bereicherung im Alltag.
Für den anderen Hund allerdings kann genau die gleiche Gassirunde zu einem emotionalen Fiasko werden. Er ist infolge vielfältiger Außenreize

extrem gestresst und sein Anpassungssystem ist nicht in der Lage, die jeweiligen Reize positiv zu verarbeiten. So kann es im Einzelfall sinnvoll sein, bei ganz bestimmten Hunden, mit Ausnahme der notwendigsten „Entlastungsrunden", vorübergehend auf ausgedehntere Spaziergänge zu verzichten und stattdessen im häuslichen Bereich alternative Beschäftigungsformen zu wählen, die auf den Vierbeiner stressreduzierender wirken. Selbstverständlich muss dieser Umstand stets zuvor im Einzelfall geprüft werden.

ARTGENOSSEN-KONTAKTE

Hier gilt Ähnliches wie bei den Spaziergängen. Vierbeiner, die keine Probleme mit anderen Hunden haben, können erheblich vom Beisein dieser profitieren. Sie wirken dadurch ausgelasteter und zufriedener.

Auf der anderen Seite muss aber auch kritisch festgehalten werden, dass tägliche Kontakte zu Artgenossen im Einzelfall den Nachteil einer sozialen Entfremdung gegenüber dem Menschen als Sozialpartner mit sich bringen kann. In diesem Zusammenhang ist genau zu prüfen, welche tatsächlichen Schwierigkeiten der Hundehalter mit seinem Vierbeiner hat. Stehen zwischen ihm und seinem Hund tiefgreifende Beziehungsprobleme, helfen regelmäßige und intensive Sozialkontakte zu Artgenossen nicht unbedingt weiter. Für zahlreiche schwierige Hunde kann auch die Anwesenheit von Artgenossen erheblich zur Stresserhöhung beitragen. Dann muss auch nach einer Einzelfallprüfung in Erwägung gezogen werden können, den innerartlichen Sozialkontakt vorübergehend zu reduzieren oder gänzlich darauf zu verzichten. Weiterhin gilt als Leitsatz: **besser keine Kontakte zu Artgenossen als „schlechte" Kontakte zu Artgenossen.**

Die Kommunikation mit Artgenossen ist dann lebensbereichernd, wenn soziale Kompetenzen auf beiden Seiten bestehen.

Beschäftigungsmodelle, bei denen der Einsatz der Hundenase vordergründig ist, gelten als effektive Entschleunigungsmodelle.

KONZENTRATIONS-TRAINING

Aufmerksamkeit und Konzentration gelten als Gegenspieler vieler störender Verhaltensweisen, wie beispielsweise innere Unruhe, Hektik und Nervosität. Aufmerksamkeitsübungen fördern die Konzentration und Konzentrationsübungen stärken die Aufmerksamkeit.
Doch ein weiterer toller Nebeneffekt von Konzentrationsübungen liegt in den Bereichen Auslastung und Beschäftigung – das gilt für Hunde wie auch für Menschen. Wer oberflächlich arbeitet, wird geringere Erschöpfungszustände im Organismus erzielen als bei einer konzentriert und intensiv durchgeführten Tätigkeit. Ein einfaches Beispiel ist dabei die Sucharbeit mit unseren Vierbeinern. Der intensive Einsatz der Hundenase strengt zwar an, bringt aber bei Erfolg jede Menge Lebensqualität.

SUCHARBEIT

Die meisten Hunde haben kein Problem damit, 20 Minuten oder auch noch länger, einer frischen Fährte auf einer Wiese zu folgen. Die Anstrengung ist vergleichsweise gering, die Suche kann ohne besonders hohen Energieaufwand auch oberflächlich erfolgen und die Erschöpfung lässt lange auf sich warten.
Bringt man einem Hund hingegen beispielsweise bei, einen auf die Wiese geworfenen Kleinstgegenstand (Beispiel Geldmünze) zu suchen und zu finden, kann der Hund nur dann einen Sucherfolg verbuchen, wenn er mit einer viel höheren Suchintensität und wesentlich mehr Konzentration in die Arbeit geht. Häufig sieht man bei konzentriert und intensiv arbeitenden bzw. suchenden Hunden bereits nach zwei bis fünf Minuten erste Erschöpfungsanzeichen, da diese Sucharbeit sehr viel vom Hund abverlangt.

Ausgewählt kleine Suchgegenstände fördern …

… Suchintensität und Konzentration gleichermaßen.

Ist diese Erschöpfung überwiegend mit Erfolg verbunden, gelten Beschäftigung und Auslastung in jedem Fall als optimiert.

BLICKKONTAKT HALTEN

Doch Konzentrationstraining kann auch ganz andere Gesichter haben. So ist beispielsweise der Aufbau eines möglichst lang anhaltenden Blickkontaktes zum Beziehungspartner Mensch ebenfalls eine Frage von Konzentration und Aufmerksamkeit. Obwohl sich der Hund dabei körperlich nicht oder kaum bewegt, ist der Organismus des Hundes weitgehend durch eben diese Konzentration beschäftigt und – je nach Anzahl oder Dauer der Übungen – zumindest teilweise ausgelastet. Letztlich bietet auch der Markt im Bereich Hundezubehör eine ganze Reihe konzentrationsfördernder Hilfsmittel wie beispielsweise Holzbretter mit Holzklötzen und Schiebefunktionen zur Leckerli-Suche, Schnüffeldecken und vieles mehr an.

Auch solche „Brettspiele" fördern die Konzentration.

FUTTERBALL/FUTTERKONG – SOLITÄR

Aufbau, Funktion und Wirkung des Futterballes (Nachfolgendes gilt auch für den Futterkong) sind gleichermaßen einfach wie auch effektiv. Beschäftigung und Auslastung sind insbesondere dann möglich, wenn ein unzureichendes Zeitfenster zur Betreuung durch Menschen fehlt. Bevor man den Vierbeiner jedoch mit Futterball/-kong alleine lässt, sollte man erst schauen, ob er diesen nicht eventuell zerstören und kleine Stücke schlucken kann. Am Anfang ist es wichtig, dass man den Hund bei dieser Beschäftigung beaufsichtigt.

Beim Futterball/-kong sind für einen Hund ein Mindestmaß an Konzentration sowie strategische Geschicklichkeit erforderlich, um erfolgreich zu sein.

Der Vierbeiner beschäftigt sich mit dem zuvor konditionierten Futterball überwiegend allein. Zweibeiner zur Betreuung sind nicht nötig und die Anwesenheit weiterer Artgenossen nicht sinnvoll, da es zu ressourcenbedingten Auseinandersetzungen kommen kann.

Der Futterball findet in unterschiedlichsten Größen Verwendung. Meist handelt es sich um einen Hartgummi- oder auch Plastikball, der mit einem oder auch mehreren Löchern versehen ist. Im Kern des Balles findet sich eine Kammer, in der Leckerli deponiert werden können, die im Vorfeld durch die Außenlöcher eingefüllt werden. Durch die meist labyrinthähnlich aufgebauten Innenkammern des Balles fallen bei Drehungen auf dem Boden sporadisch die zuvor eingefüllten Futterstücke wieder einzeln heraus. Die Investitionen des Hundes bestehen darin, den Ball möglichst langsam auf dem Boden zu drehen (mit Fang oder Pfote). Je geschickter er sich dabei anstellt, um so „ertragreicher“ ist sein Erfolg.

Hektik und Schnelligkeit hingegen reduzieren die Erfolge.

Der befüllte „Futter-Kong“ als beliebter Zeitvertreib.

Zwischendurch auch immer an Pausen denken.

Schnüffeldecken sind ein immer beliebteres Beschäftigungsmodell.

SCHNÜFFELDECKE

Ein wiederum einfaches und sehr zeitsparendes Auslastungs- und Beschäftigungsmodell bietet die Schnüffeldecke. Der Effekt ist durchaus vergleichbar mit den Elementen der Futterball-Variante. Auf eine speziell gefertigte Stoffmatte, die längere Stofffransen enthält, werden – anfangs am besten vor den Augen des Hundes – kleine Leckerli- bzw. Futterstücke gestreut. Die hierzu verwendete Ration sollte selbstverständlich von der üblichen Tagesration Futter abgezogen werden.
Wie bereits beim Futterball, handelt es sich bei der Beschäftigung auf der Schnüffeldecke um ein solitäres Auslastungsmodell, das zur Not bei Zeitengpässen auch ohne Beisein des Hundehalters durchgeführt werden kann. Vorsicht jedoch bei Hunden, die die Schnüffeldecke etwa auseinandernehmen und eventuell Fransen schlucken könnten (siehe Futterball). Bei derartigen Neigungen eines Hundes sollten die ersten Trainingseinheiten an der Schnüffeldecke unbedingt unter Aufsicht des Zweibeiners erfolgen, um „Beschädigungsversuche“ frühzeitig unterbinden zu können. Schnüffeldecken kann man entweder käuflich erwerben, oder auch selbst herstellen. Herstellungsanleitungen sind im Internet zur Genüge zu finden.

Ein enorm spannender Augenblick für den im Hintergrund wartenden Hund. Sein „Frauchen" versteckt gerade den Futterbeutel.

FUTTERBEUTEL

Der Futterbeutel beinhaltet im Gegensatz zum Futterball selbstverständlich Team-Elemente, die sich sehr positiv auf eine Mensch-Hund-Beziehung auswirken können. Er funktioniert nicht als Solitärspielzeug, das man dem Hund einfach überlassen kann. Denn die meisten Hunde brauchen nur wenige Minuten, dann haben sie den Beutel zerrissen und entleert. Das kann und wird von niemandem so gewollt sein.
In einer vernünftig durchgeführten Futterbeutel-Beschäftigung darf der Beutel übrigens ohnehin keinen Spielzeugcharakter haben. Er ist vielmehr ein für den Hund äußerst ernst zu nehmender Gegenstand, der für den Hund einen wertvollen Inhalt aufweist, nämlich Futter bzw. Leckerli.
Ob ein Hund letztlich über den Futterbeutel seine komplette Tagesration Futter oder nur Teile davon oder einfach nur sporadisch Leckerli daraus enthält, bleibt nach entsprechender Einzelfallbeurteilung jedem selbst überlassen.
Neben einer sinnvollen Auslastungs- und Beschäftigungsform kann der Futterbeutel aber in jedem Fall eine wertvolle Brücke zur Optimierung einer Mensch-Hund-Beziehung darstellen. Der Mensch verwaltet quasi den Futterbeutel für den Hund.

FUTTERBEUTEL-ÜBUNG

Der Hundehalter trägt den Futterbeutel beim Spaziergang oder vor entsprechenden Übungssequenzen überwiegend bei sich. Bedingt durch diesen Umstand, schafft er gezielt ein kalkuliertes Abhängigkeitsverhältnis seines Vierbeiners ihm gegenüber.

AUFBAU

- Der Mensch tritt als interessanter Akteur auf. Er entfernt sich beispielsweise vor den Augen seines zurückbleibenden und beobachtenden Vierbeiners.
- Dann versteckt er den Futterbeutel, wobei sich der Schwierigkeitsgrad des Versteckes immer am Leistungsvermögen des Vierbeiners orientieren muss.
- Anschließend geht der Mensch – meist unter einer auf den Hund attraktiv wirkenden körperlichen Anspannung – zu seinem Vierbeiner zurück. Dabei ist er innerhalb des Teams immer noch Akteur.
- Nach Rückkehr zu seinem Hund verharrt er bei ihm und wartet, bis dieser sich aufmerksam und konzentriert dem Zweibeiner per Blickkontakt zuwendet.
- Danach kommt das Startsignal zur Suche nach dem Futterbeutel. Jetzt wiederum tritt der Hund als Akteur auf. Der Mensch folgt dem Hund lobend (keinesfalls hektisch) und lässt ihn arbeiten.
- Findet der Hund den Futterbeutel, bleibt er in einer aktiven Rolle. Er nimmt den Futterbeutel auf und läuft auf direktem Weg zu seinem Zweibeiner zurück.
- Jetzt werden wieder die Rollen getauscht. Der Mensch wird aktiv und nimmt Futter aus dem zurückgebrachten Beutel, um den Hund zu belohnen.

Wie wir an diesem kleinen Beispiel sehen, befinden wir uns bei dieser Art der Beschäftigung in einer klassischen Teamarbeit. Beide, sowohl Mensch als auch Hund, treten innerhalb dieser sehr interessanten Übung wechselseitig aktiv und passiv auf. Durch das letztlich gemeinsame Schaffen eines Erfolges erhält nicht nur der Futterbeutel eine hohe Wertigkeit, sondern auch der Sozialpartner Mensch. Interessant dabei: Die Beschäftigung mit dem Futterbeutel zieht keinen erhöhten Zeitaufwand nach sich. Bei beispielsweise 30 Minuten Spaziergang mit dem Vierbeiner muss diese Zeit ja nicht erweitert, sondern einfach nur anders eingeteilt werden.

Nach letztlich erfolgreicher Suche, kommt es …

… zur teamfördernden Übergabe an „Frauchen".

LONGIEREN

Das Longiertraining nimmt für sich in Anspruch, für Hunde zu einem der effektivsten Auslastungs- und Beschäftigungsmodelle überhaupt zu zählen. Beim Longieren wird – ähnlich wie beim Pferd – der Hund anfangs außerhalb und entlang eines markierten Longierkreises geführt, während sich der Mensch innerhalb des Kreises befindet. Zunächst besteht noch eine Verbindung zwischen Zwei- und Vierbeiner an einer leichten und lockeren Leine. In erster Linie geht es im modernen Longieren nicht um Geschwindigkeit bzw. Schnelligkeit, sondern um Kommunikation zwischen Mensch und Hund.

Eine sehr anspruchsvolle Beschäftigungsvariante …

Kommunikation ist das Kernelement des Longierens.

Sobald der Vierbeiner den Status „fortgeschritten" erhält, begibt sich der Zweibeiner ganz ohne verbindende Leine in das Zentrum des Kreises und steuert von dort aus attraktiv und abwechslungsreich die Bewegungsabläufe seines Hundes.
Seit mehr als zwanzig Jahren gewinnt in Deutschland diese Beschäftigungsform kontinuierlich mehr Anhänger. Longieren verbessert die Mensch-Hund-Kommunikation, es fördert die Konzentration und Aufmerksamkeit des Hundes, reduziert den Außenfokus und erhöht den Innenfokus (zum Hundehalter). Erfolgt das Longieren nur auf der Basis von sozialer Kommunikation (ohne Hilfsmittel wie Leckerli oder Spielzeug) zwischen Mensch und Hund, gilt es auch als bindungsfördernd. Ob und in welcher Regelmäßigkeit beim Longieren eine „materielle" Belohnung erfolgt, hängt stark von den individuellen, kommunikativen Fähigkeiten von Mensch und Hund ab.

... ist das Mantrailing, bei dem die Suche nach und das Auffinden von „vermissten" Personen zum Ziel steht.

MANTRAILING

Mantrailing ist eine anspruchsvolle Sucharbeit für den Hund, bei der es um das Suchen und Auffinden von Menschen geht.
War Mantrailing ursprünglich ebenfalls nur dienstlich im Polizei- oder auch Rettungsdienst zu finden, hält es seit ein paar Jahren auch fulminant Einzug in die Beschäftigung von Familienhunden. In den vergangenen Jahren hat sich die Zahl der Einrichtungen und Organisationen zu Angeboten in Sachen Mantrailing rapide erhöht. Dabei ist die Qualität des Trainings in Hundevereinen und -schulen sehr unterschiedlich zu bewerten. Die Qualitätsspanne reicht so von „laienhaft" bis „professionell". Laienhaft sind zum Beispiel organisierte Trainingseinheiten, bei denen regelrechte „Hetzjagden" auf versteckte Menschen stattfinden und die Suche selbst anspruchslos ist. Professionell hingegen sind klug konstruierte Trails, bei denen das Motto „der Weg ist das Ziel" im Vordergrund steht und die Suche selbst für den Vierbeiner nicht zu einfach, sondern durchaus anspruchsvoll und damit auch anstrengend ist.
Mit der Aussage eines Hundehalters, „wir machen Mantrailing", kann somit noch lange nicht feststehen, ob diese Beschäftigung für den Vierbeiner gut oder schlecht sein kann. Zumal hier immer das Problem zu sehen ist, dass dieses Training, außer bei beruflicher und damit professioneller Anwendung, meist für unsere Familienhunde nur ein- bis zweimal pro Woche stattfindet. So lässt sich natürlich schlecht von einer optimalen Beschäftigung reden. Das heißt, Mantrailing kann durchaus eine Zusatzoption zu anderen Beschäftigungsmodellen darstellen, kaum aber als alleinige Beschäftigungsvariante dienen.

Seit über 10 Jahren zählt ZOS® zu den anspruchsvollsten und gleichzeitig attraktivsten Beschäftigungsmodellen im Hundewesen.

ZOS® – ZIELOBJEKTSUCHE

Eine der anspruchsvollsten Beschäftigungen für Familienhunde ist die ZOS® bzw. Zielobjektsuche. Diese Beschäftigungsform hat ihren Ursprung aus dem polizeilichen Spürhundewesen; mit dem Unterschied, dass der Familienhund kein Rauschgift, Sprengstoff oder Blut sucht, sondern einen ganz bestimmten, kleinen Suchgegenstand. Dabei wird im Training anfangs lediglich ein Klicker und ein kleiner Gegenstand (z. B. Wäscheklammer oder kleines Lederstück) benötigt.

AUFBAU

— Mittels Klicker wird dem Hund zunächst beigebracht, den später zu suchenden Gegenstand mit der Nase zu berühren. Die meisten Hunde haben schon nach wenigen Minuten „verstanden", wie das System funktioniert.
— Nun wird der Gegenstand vor dem Berühren immer tiefer gehalten, bis er letztlich auf den Boden gelegt werden kann.
— Als Nächstes wird der Gegenstand immer weiter vom Hund weggelegt, noch kann er diesen jedoch sehen.

Der Suchgegenstand wird nicht sichtbar versteckt, …

… anschließend begibt sich der Hund auf die Suche.

Beim Auffinden hält er die Nase dicht an das Versteck.

— Er läuft hin, berührt den Gegenstand mit der Nase und erhält wieder die Bestätigung mittels Klick sowie nachfolgend die Futterbelohnung.
— Sobald diese Übungen reibungslos laufen, wird der Gegenstand zum ersten Mal unter einen schweren Stein (oder Ähnliches) gelegt, wobei noch die Hälfte des zu berührenden Gegenstandes herausschauen sollte.
— Der Hund läuft wieder zum Gegenstand, sucht ihn am Stein, findet ihn und … erneut folgt die bekannte Bestätigung.
— Von Übung zu Übung wird der Gegenstand tiefer versteckt, so dass der Hund ihn irgendwann nicht mehr sehen kann. Jetzt muss er seine Nase einsetzen, um ihn zu finden und damit sind wir bereits bei der Zielsetzung der ZOS®.
— Hat der Vierbeiner den Gegenstand über den Einsatz seiner Nase gefunden, zeigt er den Erfolg durch die Platz-Position an.
— Sobald etwas Routine vorliegt, kann der Suchgegenstand fast beliebig versteckt werden und der Hund hat eine extrem auslastende und motivierende Beschäftigung vermittelt bekommen.

ZOS® ist eine erweiterte und sehr spezifische Variante der Gegenstandssuche. Die „normale“ Gegenstandssuche unterliegt keinerlei Voraussetzungen in der Qualifikation für Hundetrainer. Hingegen darf ZOS® aufgrund der hohen fachlichen Anforderung durch Betreiber von Hundeschulen nur nach entsprechender Schulung/ Prüfung angeboten werden. Informationen zu ZOS® und ausgebildete Trainer finden Sie unter www.zielobjektsuche.de

Die wirklich schönen und vor allem wertvollen Augenblicke im Zusammenleben mit einem Hund …

SOZIALE BESCHÄFTIGUNG

Sehr viele Mensch-Hund-Teams sind auf der Basis einer sozialen Beschäftigung eng und harmonisch miteinander verbunden. Und das ohne zusätzliche bzw. weitere Beschäftigungsmodelle, sieht man einmal von täglichen Spaziergängen ab. Kann das denn ausreichend sein? Unsere Erfahrung sagt: Ja! Zumindest grundsätzlich.
Der soziale Aspekt und damit auch die emotionale Verbundenheit gegenüber dem Menschen spielt für unsere Familienhunde eine enorm wichtige Rolle. Jedem Hundehalter sollte unbedingt bewusst sein, dass keine Leckerlis und kein Spielzeug dieser Welt in ihrer Wertigkeit mit einem kooperativen Miteinander zwischen Hund und Mensch konkurrieren können.
Einzige Voraussetzung: Der Hund ist sozial zugänglich und sein Mensch versteht intuitiv, wie er ihn für ein soziales Spiel begeistern kann.
Die Intuition und damit das sogenannte Bauchgefühl sind elementare Bausteine für eine soziale Beschäftigung.
Dem Menschen muss es dabei nur gelingen, möglichst attraktiv, und somit nicht monoton, die Kommunikation mit seinem Vierbeiner aufzubauen. Die „Gebrauchsanleitung" für eine optimale soziale Beschäftigung steht leider in keinem Lehrbuch, weil sich Intuition nicht als Rezept beschreiben lässt, sondern sich formal und situativ immer am jeweiligen Verhalten des Hundes orientieren muss.
Eine Vielzahl von Hundehaltern darf sich auch ohne Lehrbücher und ohne Besuche von Hundeschulen über jederzeit vorzeigbare und harmonisch ausgerichtete Mensch-Hund-Beziehungen freuen.
Kritisch wird es immer dann, wenn es sich bei dem sogenannten „Familienhund" um einen – meist züchterisch gewollt – ausgesprochenen Leistungs- bzw. „Arbeitshund" handelt, für den in der Tat eine ausschließlich soziale Beschäftigung unzureichend sein kann.
Und kritisch wird es auch, wenn der typische Familienhund bereits in der Welpen- und Junghundezeit inflationär mit Leckerlis oder mit Spielzeug „überschüttet" wird. Das Gehirn eines solchen Hundes entwickelt sich definitiv in eine falsche Richtung. Anstelle sozialer Kompetenzen machen sich materielle Bedürfnisse breit, die den Menschen weniger als Sozialpartner, sondern vielmehr als „Futter- oder Spielautomat" erscheinen lassen. Es ist nicht erforderlich, in der Mensch-Hund-Beziehung komplett auf materielle Belohnungen zu verzichten. Im Gegenteil, wir können das Zusammenleben sogar bereichern – solange wir unsere soziale Attraktivität dem Hund gegenüber in den Vordergrund stellen.

... sind die Momente der persönlichen, sozial-emotionalen Begegnung – ganz ohne Leckerlis.

SOZIALE KOMPONENTE BEI JEDEM „SPIEL"

Wenn wir mit Menschen und Hunden ein „passendes" Beschäftigungsmodell trainieren und üben, kombinieren wir das fast immer mit sozial attraktiver Kooperation, die ein Zusammenwirken mit dem Menschen für den Hund unabdingbar werden lässt.

So versteht es sich von selbst, dass beispielsweise ein Hund beim Ballspielen auch soziale Bedürfnisse seinem Menschen gegenüber entwickeln sollte.

So ist es nicht gut, einen zurückgebrachten Ball einfach wieder zu werfen, zurückbringen zu lassen und wieder zu werfen. Dabei wird doch unserem Vierbeiner lediglich das „materielle" Bedürfnis (Ball) schmackhaft gemacht. Wo bleibt denn hier die soziale Komponente?

Kommt stattdessen der Hund mit dem Ball zu seinem Menschen zurück, sollte dieser den Ball auch mal beiseitelegen und seinem Vierbeiner körpersprachlich und lautsprachlich mitteilen, wie sehr er sich darüber freut, dass er ihm den Ball zurückbringt. Loben und Streicheln, um dem Hund ein wohltuendes Gefühl von Wertigkeit zu vermitteln.

Auch vor dem Werfen des Balls können attraktive soziale Elemente einfließen, die den Fokus des Hundes vom Ball auf dessen Halter lenken.

Wem es gelingt, die materiellen Bedürfnisse seines Hundes sozial anzureichern, trägt sicher mehr zur Lebensqualität seines Vierbeiners bei (und zur eigenen), als eine lebende, funktional ausgerichtete „Ballwurfmaschine".

Weitere vielfältige Beschäftigungsmodelle für Familienhunde bieten Hundevereine und Hundeschulen an. Letztendlich sollte eine bestimmte Beschäftigungsvariante ja auch nicht nur zum Hund, sondern auch zu dessen Mensch passen. Sie sollten dabei lediglich darauf achten, dass das jeweils angebotene Beschäftigungsmodell den tatsächlichen Bedürfnissen Ihres Hundes gerecht werden kann.

Ein Zuviel an Beschäftigung kann genauso Stress auslösen, wie frustrierende Langeweile.

SERVICE

— *Wissenswertes für Hundehalter*

AUTOREN

Thomas und **Ina Baumann** begannen ihre Arbeit mit Hunden bei der Polizei und arbeiteten dort als Diensthundeführer. Thomas Baumann wurde 1993 Fachberater im Freistaat Sachsen, wo er als Ausbildungsleiter der Polizeihundeschule tätig war. 2004 entschlossen sich Thomas und Ina Baumann für die Selbstständigkeit und gründeten das Hundezentrum Baumann in Nichel bei Potsdam, mit Hundeschule und Hundepension. Im Jahr 2020 zogen sie nach Geeste ins Emsland. Gemeinsam haben sie die ZOS® = Zielobjektsuche für Hunde als auch La-Ko-Ko®, eine Methode zur Ruhe und Entspannung von Mensch und Hund, entwickelt. Sie bieten ganzjährig Seminare und Kurse in Deutschland, Österreich und in der Schweiz an. Auch als Buchautoren sind sie bekannt und haben einen eigenen Verlag, den Baumann-Mühle-Verlag gegründet. Im Kosmos Verlag ist neben der Entschleunigung auch ihr Buch „ZOS® – Zielobjektsuche" erschienen.

Hundezentrum Baumann GmbH
Zur Schleuse 30
D – 49744 Geeste
Tel.: 05907 9498884
dogworld@t-online.de
www.dogworld.de

Neben der Ausbildung von Hunden und der Wissensvermittlung für Hundehalter, liegt den Autoren noch etwas anderes am Herzen: Hundesenioren ohne Zuhause, die ihre letzten Tage in einem Tierheim verbringen müssten. Deshalb gründeten sie ein Altersheim für Hunde und begleiten ihre Schützlinge im letzten Lebensabschnitt. Wer hier unterstützen möchte, findet alle Informationen auf der Homepage.

Dogworld-Stiftung
Lebenshilfe für verwaiste Hunde
info@tierheim-stiftung.de
www.tierheim-stiftung.de

DANK

Wir möchten uns bei allen Mitwirkenden herzlichst bedanken, die zur Gestaltung der bildlichen Inhalte beigetragen haben.
Dies sind neben der Fotografin Anna Auerbach, unsere Freunde und Bekannte sowie die Besucher unserer Hundeschule, die sich allesamt leidenschaftlich und selbstlos zu den Fototerminen eingefunden hatten und damit einen wertvollen Beitrag zum Gelingen dieses Buches geleistet haben.

REGISTER

BILDNACHWEIS

193 Farbfotos wurden von Anna Auerbach/Kosmos für dieses Buch aufgenommen.

Weitere Farbfotos von Anna Auerbach (19: 65, 81, 82, 83, 117, 118, 120, 121, 122, 123, 128, 129, 130, 188, 189, 192, 193), Daniela Drews/Kosmos (1: S. 198), Alina Klüglich-Hinrichs/Kosmos (2: S. 184/185, 193 u.), Heike Schmidt-Röger/Kosmos (1: S. 57), Shutterstock/Mr. Sutun photographer (1: S. 64), Trio Bildarchiv/Maren Leuker (2: S. 194).

Mit 16 Grafiken von Atelier Krohmer, Dettingen/Erms nach Vorlagen der Autoren.

IMPRESSUM

Umschlaggestaltung von Claudia Adam Graphik Design, Darmstadt unter Verwendung von zwei Farbfotos von Anna Auerbach/Kosmos.

Mit 219 Farbfotos und 16 Grafiken.

Gedruckt auf chlorfrei gebleichtem Papier

ISBN 978-3-440-16797-7
Redaktion: Hilke Heinemann
Gestaltungskonzept: Peter Schmidt Group GmbH, Hamburg
Gestaltung und Satz: Atelier Krohmer, Dettingen/Erms
Produktion: Nina Renz
Druck und Bindung: FIRMENGRUPPE APPL
Printed in Germany / Imprimé en Allemagne

FSC www.fsc.org MIX Papier aus verantwortungsvollen Quellen FSC® C004592